# 五种遗规

## 教女遗规

谦德国学文库

【清】陈宏谋◎撰　中华文化讲堂◎注译

团结出版社

# 目 录

《教女遗规》序……………………………………………… 1

## 卷 上

曹大家《女诫》（有序）………………………………… 7

蔡中郎《女训》………………………………………… 20

宋尚宫《女论语》……………………………………… 22

## 卷 中

吕近溪《女小儿语》…………………………………… 43

吕新吾《闺范》（有序）……………………………… 56

# 卷　下

王孟箕家训——御下篇 ··················································· 171

温氏母训（有序）··························································· 178

史搢臣《愿体集》··························································· 193

唐翼修《人生必读书》··················································· 206

王朗川《言行汇纂》··················································· 223

女训约言 ··································································· 234

# 《教女遗规》序

　　天下无不可教之人，亦无可以不教之人，而岂独遗于女子也？当其甫①离襁褓②，养护③深闺，非若男子出就外傅④，有师友之切磋，诗书之浸灌⑤也。父母虽甚爱之，亦不过于起居服食之间，加意⑥体恤。及其长也，为之教针黹⑦，备妆奁⑧而已。至于性情嗜好之偏，正言动之，合古谊⑨与否，则鲜有及焉。是视女子为不必教，皆若有固然⑩者。幸而爱敬之良，性所同具，犹不尽至于背理而伤道。且有克敦⑪大义，足以扶植伦纪⑫者。倘平时更以格言至论⑬，可法可戒之事，日陈于前，使之观感而效法，其为德性之助，岂浅鲜⑭哉？余故于养正遗规之后，复采古今教女之书，及凡有关于女德者，裒集⑮成编。事取其平易而近人，理取其显浅而易晓，盖欲世人之有以⑯教其子，而更有以教其女也。夫在家为女，出嫁为妇，生子为母。有贤女然后有贤妇，有贤妇然后有贤母，有贤母然后有贤子孙。王化⑰始于闺门，家人利在女贞。女教之所系，盖綦重⑱矣。或者疑女子知书者少，非文字之所能教，而弄笔墨工文词者，有时反为女德之累，不知女子具有性慧，纵不能经史贯通，间亦粗知文义。即至村姑里妇⑲，未尽识字，而一门之内，父兄子弟，为之陈述故事，讲说遗文⑳，亦必有心领神会，随事感发之处。一家如此，推而一乡而一邑，孰非教之所可及乎？彼专工文墨，不明大义，则所以教之者之过，而非尽女子之过也。抑余又见夫世之妇女，守其一知半解，或习闻<sup>㉑</sup>片词只义，往往笃信固守，奉以终身，且转相传述，交相劝戒，曾不若口读诗书，而所行悉与倍焉者。意者<sup>㉒</sup>女子之性专一笃至，其为教尤有易入者乎。是在有闲家<sup>㉓</sup>之责者，加之意而已。

**【注释】**①甫：刚刚，才。②襁褓：背负婴儿用的宽带和包裹婴儿的被子。后亦指婴儿包。③养护：养育护持。④出就外傅：离家外出就学于师。⑤浸灌：浸渍，熏陶。⑥加意：注重；特别注意；特别用心。⑦针黹：指缝纫、刺绣等针线工作。⑧妆奁：古代妇女梳妆用的镜匣。泛指嫁妆。⑨古谊：古贤人之风义。⑩固然：本来就这样。⑪克敦：克，能够；敦，注重、崇尚。⑫伦纪：伦常纲纪。⑬至论：高超的或正确精辟的理论。⑭浅鲜：轻微，微薄。⑮裒集：辑集。裒，音抔，聚集。⑯有以：犹有为。有所作为。⑰王化：天子的教化，圣贤的教化。⑱綦重：很重，极重。綦，音奇，很，极。⑲里妇：同里的妇人。⑳遗文：前代留下的法令条文、礼乐制度。㉑习闻：常闻。㉒意者：表示测度，大概，或许，恐怕。㉓闲家：指治家从预防开始。闲，防也。

**【译文】**天下没有什么不可以教育的人，也没有什么不需要教育的人，又怎么能独独遗漏女子不教呢？当女子在刚离开襁褓时，就被养育护持在深闺中。她们不像男子一样，可以离家外出就学于师，可以和老师学友相互研讨勉励，受到《诗经》《尚书》等圣贤经典的浸渍、熏陶。父母虽然很喜爱她们，但也不过是在起居饮食方面，特别注意给予照顾；等到她们长大了，就只教她们缝纫、刺绣等女工，为她们准备嫁妆而已。至于她们的性情、嗜好如果出现了偏斜，便以正言来纠正她们，但是否能符合古贤人之风义，则很少有人能做到。这就是认为女子不必教育，本来就应该如此的缘故。幸好亲爱、恭敬的良好品性，是人的本性所共同具有的，即使她们性情、嗜好有所偏斜，还不至于完全背理而有伤道义，况且她们中也不乏一些崇尚大义，足以维护伦常纲纪之人。如果平时再以格言或高超精辟的理论、可以效法或能够让人警戒的事情，天天摆放于面前，让她们能够看到，有所感触而效法，这作为成就德性的助力，又怎么会轻薄呢？我特意在《养正遗规》之后，再次采辑古今教育女子的书，以及凡是有关于女德教育的书，辑集成编。书中所录多选取平易近人之事，摘取其浅显而易懂之理，是想让世人对教育其子有所作为，而更对教育其女有所作为！女子在家未嫁时是女儿，出嫁后是妇人，生子后是母亲。只有有了贤女然后才会有贤妇，有了贤妇然后才会有贤母，有了贤母然后才会有孝贤子孙。圣贤的教化从家门开始，家人的得利在于家中女子贞节。所以，女子教育所关乎的，很重要啊。有些人认为，女子知晓经书的少，并非学习文字就能学会女德，而且摆弄笔墨通晓文章词语者，有时反而会成为学习女德的累赘；他们不知道女子同样具有性德智慧，纵使不能贯通经书史籍，间或也能粗略知晓一些文章大义。即使是乡里村中，那些妇人未必全都能识字，但是只要家中的父兄子弟，能够向她们陈述一些女德故事，讲说一些前代留下的法令条文、礼乐制度，也必定会有让她们心领神会、随事感发的地方。一家如此，推而广之到一乡、一邑，哪有不是教化所不能到达的地方呢？那些专门学习文书辞章的人，却不能通晓大义，那么这就是教育她们的人之过失了，而不全是女子的过错啊。或许是我又见到现在的妇女，只是保持着自己（对女德）的一知半解，或者是常常听说的片词只义，往往就深信不疑，坚守不放，终身信奉。况且她们又相互转告、传述，相互劝诫，不像是口读诗书之人，但所做出的行为却更像是熟读诗书之人。这大概是女子的性情专一深厚，这样教育她们女德不是更容易入手吗？这样做也是意在提醒那些肩负着治家重责的人，应凡事以预防为主，多加留意罢了。

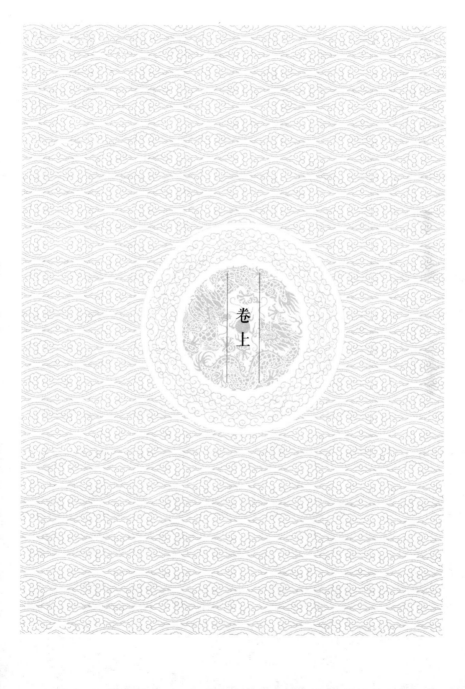

卷上

# 曹大家《女诫》（有序）

（曹大家①，姓班氏，名昭，后汉平阳②曹世叔妻，扶风③班彪之女也。世叔早卒，昭守志④，教子曹谷⑤成人。长兄班固，作前《汉书》，未毕而卒，昭续成之。次兄班超，久镇西域，未蒙诏还，昭伏阙⑥上书，乞赐兄归老。和熹⑦邓太后，嘉其志节，诏入宫，以为女师，赐号大家。皇后及诸贵人⑧，皆师事之。著《女诫》七篇。）

【注释】①大家：古代对有德行和学问的女子的尊称。"大家"读音为"太姑"。②平阳：古代地名，治在今陕西眉县东北。③扶风：即今天的陕西省宝鸡市扶风县。④守志：谓女子守节不改嫁。⑤曹谷：班昭的儿子。⑥伏阙：拜伏于宫阙下。多指直接向皇帝上书奏事。⑦和熹：当时皇后的谥号由两个字组成，第一个字是其皇帝丈夫的谥号，第二个字则是皇后本人的谥号。此处"和"是邓太后丈夫汉和帝的谥号，"熹"是她自己的谥号，两字连成她完整的谥号。"和熹"二字的意思《后汉书》注有解释："不刚不柔曰和"，"有功安人曰熹"。"有功安人"就是有功于社稷，安定人心的意思。⑧贵人：女官名。后汉光武帝始置，地位次于皇后。历代沿其名，而位尊卑不一。《后汉书·皇后纪序》："及光武中兴，斫雕为朴，六宫称号，唯皇后、贵人。贵人金印紫绶，奉不过粟数十斛。"

【译文】曹大家，姓班，名字叫昭。是东汉平阳曹世叔的妻子，也就是扶风班彪的女儿。班昭的丈夫曹世叔很早就过世了，班昭早年守

7

寡，教导儿子曹谷成人。长兄班固著前《汉书》，没有写完就去世了，班昭继承兄长的遗志，继续将《汉书》完成。二哥班超，长期镇守西域，年纪已经很大了还没有得到皇帝的恩准返回。于是班昭就亲自上书皇帝，请求皇上恩准她的兄长（班超）告老还乡。当时的和熹邓太后赞赏班昭的志向和节操，于是就命她入宫，做了后宫女子们的老师，并且赐号"大家"。从此皇后、皇妃们都以老师的礼节来侍奉班昭。班昭著有《女诫》七篇。

## 《女诫》原序

鄙人愚暗①，受性②不敏③。蒙先君④之余宠，赖⑤母师之典训⑥。年十有四，执箕帚于曹氏，今四十余载矣。战战兢兢，常惧黜⑦辱，以增父母之羞，以益中外之累。是以夙夜劬心⑧，勤不告劳，而今而后⑨，乃知免耳。吾性疏愚，教导无素，恒恐子谷，负辱清朝⑩。圣恩横加⑪，猥⑫赐金紫⑬，实非鄙人庶几所望也。男能自谋矣，吾不复以为忧，但伤诸女，方当适人⑭，而不渐加训诲，不闻妇礼。惧失容他门，取辱宗族。吾今疾在沉滞⑮，性命无常，念汝曹如此，每用惆怅。因作《女诫》七篇，愿诸女各写一通⑯，庶⑰有补益，俾助汝身。去矣，其勖勉⑱之。

【注释】①愚暗：亦作"愚黯"。愚钝而不明事理。②受性：犹赋性，生性。《后汉书·列女传·曹世叔妻》："鄙人愚暗，性不敏。"③敏：思维敏锐，反应快。回虽不敏，请事斯语矣。——《论语·颜渊》④先君：已故的父亲。⑤赖：仰赖，依靠。⑥典训：准则性的训示。⑦黜：废除，取消。⑧劬心：谓劳心。劬，音渠，过分劳苦，勤劳。⑨而今而后：从今以后。《论语·泰伯》："而今而后，吾知免夫。"⑩清朝：清明的朝廷。⑪横加：肆意施加；

无端施予。⑫猥：谦辞，犹言辱。"先帝不以臣卑鄙，猥自枉屈，三顾臣于草庐之中"。⑬金紫：即"金印紫绶"，黄金印章和系印的紫色绶带。⑭适人：谓女子出嫁。⑮沉滞：凝滞，不够流畅。⑯一通：表数量。用于文章、文档、书信、电报。⑰庶：表示希望发生或出现某事，进行推测。但愿，或许。⑱勖勉：勉励。

**【译文】** 在下班昭愚钝而不甚明白事理，天生的禀赋又不聪慧，只是承蒙了父亲大人的恩泽，仰赖了母亲和老师的教诲。十四岁时嫁到曹家，开始操持家庭内务，到现在已经四十多年了，可是常常内心恐惧不安，深怕得罪（公婆夫君）而招致遣退与呵责，给父母亲带来耻辱，也连累夫家和娘家，所以恪守妇道，辛勤劳苦，虽然早晚忧勤，但从不敢向人表白。从今以后，我总算可以退下来了。我生性疏略顽钝，疏忽于儿子的教导，常常担心儿子曹谷做官以后，辜负玷辱清明圣治的朝廷。承蒙圣恩，儿子曹谷加官晋爵，赐以金紫的荣耀，这实在是我不敢奢望的。儿子能尽忠朝廷、自善其身了，我不再为他担忧了，但忧愁你们这些女孩子，将要出嫁了，如果不教你们妇礼，就会在夫家失却礼节、丧失颜面，从而贻羞于父兄宗族。我现在身患疾病，久治不愈，恐不久于人世了，想到曹家的女孩们不知妇礼，常常心怀忧虑。因此写下这篇《女诫》共七章，希望女儿们各自抄写一遍，应该对你们多少有些帮助。去吧，希望你们相互勉励，努力去做吧！

谨按：大家，身都①贵胄，博极群书，完节抚孤。复能为兄上书，为兄续史。时皇后诸嫔，皆师事之，诚巾帼中丈夫也。今观其所以诫女者，始之以卑弱，终之以谦和，大要以敬顺为主，绝无一语及于外政，则女德之所尚，可知矣。至于近世女子，好华饰，趋②巧异。几几乎以四德为诟病③。今所论德言容功，乃在此不在彼，尤可谓对症良剂也。惩骄惰于未萌，严礼法于不坠，贵贱大小，莫不率由④，以是为百代女师可也。故列诸卷首，以为教女者则⑤焉。

【注释】①都：居。②趋：追求。③诟病：指出他人过失而加非议、辱骂。④率由：遵循，沿用。⑤则：标准、准则。

【译文】陈宏谋谨按：曹大家，出身权贵之家，不仅遍览群书，知识渊博，夫死后能守节抚养孤儿，还替兄长班超上书请求归乡养老，为兄长班固续写完成了《汉书》这部史著。当时的邓皇后和众多嫔妃，都以老师之礼待奉她，她确实算得上女中豪杰。现在看她用来训诫女子的内容，以卑弱开始，以谦和结束，主要内容以敬顺为主，没有一句话涉及外政，由此她对女德的推崇，就可以知晓了。到了近代的这些女子，都只喜好华丽的外饰，追求机巧奇异的物品，几乎玷污了女子的四德。而这里对"德、言、容、功"的论述，完全不同于世俗的见解，可谓是对症的良药了。惩戒骄惰之情，严守礼仪法度，都是着眼于防患于未然。所以举国上下不论贵贱、大小，莫不遵循，因此她被称为"百代女师"，也确实是当之无愧的。所以把《女诫》列在《教女遗规》的卷首，作为教诫女人的准则。

## 卑弱第一

古者生女三日，卧之床下，弄之瓦砖①，而斋告焉。卧之床下，明其卑弱，主下人②也。弄之瓦砖，明其习劳，主执勤也。斋告先君，明当主继祭祀③也。三者盖女人之常道，礼法之典教④矣。谦让恭敬，先人后己，有善莫名，（不自矜夸），有恶莫辞，（不自饰非），忍辱含垢，常若畏惧，卑弱下人也。晚寝早作，勿惮夙夜，执务私事，不辞剧（音极烦重也）易；所作必成，手迹整理，是谓执勤也。正色⑤端操⑥，以事夫主，清静自守，无好戏笑，洁齐酒食，以供祖宗，是谓继祭祀也。三者苟备,而患名称之不闻,黜辱⑦之在身,未之见也。三者苟失之,何名称之可闻,黜辱之可免哉!

**【注释】**①瓦砖:古代的纺锤。②下人:居于人之后;对人谦让。③继祭祀:协助、配合夫君祭祀祖宗。④典教:典章教化。⑤正色:谓神色庄重、态度严肃。⑥端操:谓端正其操守。⑦黜辱:贬斥受辱;贬斥侮辱。

**【译文】**古人生下女孩三日之后,让她睡在床下面,将织布用的纺锤给她当玩具,(男子则是睡在床上,将卿大夫配饰的圭璋给他当玩具)并将生女之事斋告宗庙。睡在床下,表明女子应当卑下柔弱,时时以谦卑的态度待人;玩弄纺锤,表明女子应当亲自劳作、不辞辛苦;斋告先祖,表明女子应当准备酒食,帮助夫君祭祀祖宗。(以上)这三点,是女人的立身之本,古来礼法的经典教诲。谦虚忍让,待人恭敬;好事先人后己;做了善事不声张,做了错事不推脱;忍辱负重,常表现出畏惧,这就是所谓的谦卑对待他人。早起晚睡,不因日夜劳作而有所畏难;亲自操持料理家务,不问难易,有始有终;亲手整理完善事务,使之精美而不粗率。像这样践行不怠,"执勤"的道义就尽了。外表端庄,品行端正,侍奉夫君;幽闲贞静,自尊自重,不苟言笑;备办酒食祭品,配合夫君祭祀先祖。像这样践行不怠,"继祭祀"的道义就尽到了。如果这三条都做到了,却还忧虑好名声不能够传扬,身上背负别人的误解和屈辱,这是从来没有听说过的事。如果没有做到这三点,有什么美德值得人称赞?又怎么能免得了耻辱呢?

# 夫妇第二

夫妇之道,节制参配①阴阳,通达神明,信天地之宏义②,人伦③之大节也。是以《礼》贵男女之际,《诗》著《关雎》之义。由斯言之,不可

曹大家《女诫》(有序)

不重也。夫不贤，则无以御妇；妇不贤，则无以事夫。夫不御④妇，则威仪废缺；妇不事（节制）夫，则义理堕阙⑤。方斯二者，其用一也。察今之君子，徒知妻妇之不可不御，威仪之不可不整，故训其男，检⑥以书传⑦。殊不知夫主之不可不事，礼义之不可不存也。但教男而不教女，不亦蔽于彼此之数乎！《礼》，八岁始教之书，十五而至于学矣。独不可以此为则哉！

**【注释】**①参配：犹匹配。②弘义：大义；正道。③人伦：人与人之间自然的五种关系：即君臣（领导与被领导）、父子、夫妇、兄弟、朋友。④御：封建社会指上级对下级的治理，统治。此处指丈夫以身作则来带领自己的妻子。⑤堕阙：谓毁坏，亡废。⑥检：注意约束（言行）。⑦书传：著作；典籍。

**【译文】**夫妇之间的道义，阴阳配合，感格神明，这绝对是天地的大义、人伦的大道。所以《礼记》开篇就说要重视男女之别，《诗经》首篇就列出《关雎》一诗。从这些教诲中我们应该明白夫妇之道，是人伦的开始，不可以不重视。丈夫要是没有贤德品行，则无法驾驭领导妻子，妻子要是不贤慧，则无法事奉丈夫。丈夫驾驭不了妻子，就失去了威严，妻子如不事奉丈夫，就失去了道义。刚才所说的这两件事，它的作用是一样的。观察现在的君子，只知道要管束好妻子，整肃好自己的威仪，所以就用古书、经典、传记来教训家中的男孩子。殊不知丈夫是不可以不事奉的，礼节和道义是不可以不力行的。如果重男轻女，不用古书经传中的道理教育女子，只教育男子而不教育女子，这不也是偏执不明吗？《礼记》上说，男子自八岁起，便教他读书，到十五岁就教他专志于成人的学问。能这样教育男子，为什么不能这样教育女子呢？

# 敬顺第三

阴阳殊性，男女异行。阳以刚为德，阴以柔为用，男以强为贵，女以弱为美。故鄙谚①有云："生男如狼，犹恐其尪②，（音汪，瘦弱也）；生女如鼠，犹恐其虎，（惟恐强猛）。"然则修身莫如敬，避强莫若顺。故曰敬顺之道，为妇之大礼也。夫敬非他，持久之谓也；夫顺非他，宽裕之谓也。持久者，知止足也；宽裕者，尚恭下也。夫妇之好，终身不离。房室周旋③，遂生媟黩④。媟黩既生，语言过矣。语言既过，纵恣⑤必作。纵恣既作，则侮夫之心生矣。此由于不知止足者也。夫事有曲直，言有是非。直者不能不争，曲者不能不讼。讼争既施，则有忿怒之事矣。此由于不尚恭下者也。侮夫不节，谴呵⑥从之；忿怒不止，楚挞⑦从之。夫为夫妇者，义以和亲，恩以好合，楚挞既行，何义之存？谴呵既宣，何恩之有？恩义俱废，夫妇离行。

【注释】①鄙谚：俗语。②尪：音汪。脊背骨骼弯曲；形容孱弱，瘦弱。③周旋：谓辗转相追逐。④媟黩：音亵渎，亦作"媟渎"或"媟嬻"。亵狎，轻慢。⑤纵恣：亦作"纵姿"。肆意放纵。⑥谴呵：谴责呵叱。⑦楚挞：杖打。

【译文】天地之道，一阴一阳，阴阳之性不同。男子属阳，女人属阴，男女之行亦各有别。阳性主刚，阴性主柔，故男子以刚强为贵，女子以柔弱为美。所以有俗语说："生下像狼一样刚强的男孩，还唯恐他懦弱；生下像鼠一样柔弱的女孩，还唯恐她像老虎。"修身的根本在"敬"，与强共处而能避其锋芒，得其久利，其要领在"顺"。所以说："礼"是用来保护人的，敬与顺，是妇人最重要的行为准则，也是对女子最大的保护。"敬"没有什么别的意思，讲的是人与人之间之所以能

曹大家《女诫》（有序）

够长久相处的道理。"顺"也没有什么别的意思,讲的是女子应该宽容厚道,谦恭卑下,善于忍让,才能活得游刃有余的道理。夫妇之间的亲爱,在于能够终身相守,如果常在家中过分地戏耍嬉闹,轻慢的心就会生出来了。轻慢的心一生出来,言语之间就失去了恭敬。言语一旦不恭,行为就会放纵。行为一旦放纵,就连凌侮丈夫的心都有了。这都是由于人的习气中有不知止、不知足的毛病导致的啊。当遇到事情有曲有直,言语有是有非之时,为了争个你对我错,双方就会发生口角,口角之争一旦生起,就会忿怒相向。这都是由于女子不懂得恭顺卑下的礼节。凌侮丈夫没有了节制,就会遭到谴责呵斥,如果谴责呵斥仍然不能止住愤怒的情绪,就会有鞭打杖击。作为夫妻本应以礼义相互亲善和睦,以恩义相互亲爱好合。一旦出现鞭打杖击的情况,哪里还有什么礼义可言?一旦谴责呵斥相加,哪里还有什么恩爱存在?礼义恩情都没有了,夫妻也就要分离了。

# 妇行第四

　　女有四行,一曰妇德,二曰妇言,三曰妇容,四曰妇功。夫云妇德,不必才明绝异也;妇言,不必辩口利辞也;妇容,不必颜色美丽也;妇功,不必技巧过人也。幽闲①贞静②,守节整齐,行己有耻,动静有法,是谓妇德。择辞而说,不道恶语,时然后言,不厌于人,是谓妇言。盥浣③（音管换,皆洗也）。尘秽④,服饰鲜洁,沐浴以时,身不垢辱⑤,是谓妇容。专心纺绩,不好戏笑,洁齐酒食,以供宾客,是谓妇功。此四者,女人之大节,而不可乏无者也。然为之甚易,唯在存心耳。古人有言:"仁远乎哉?我欲仁,而仁斯至矣。"此之谓也。

　　**【注释】**①幽闲:清幽闲适;柔顺闲静。多用以形容女子。②贞静:端庄娴静。③盥浣：亦作"盥澣"。洗涤。④尘秽：犹污秽。⑤垢辱：犹耻辱。

**【译文】**女子的日常行为规范有四种：妇德：心之所施；妇言：口之所宣；妇容：貌之所饰；妇功：身之所务。妇德，不必富有才干、聪明绝顶；妇言，不必伶牙俐齿、辩才过人；妇容，不必颜色美丽、娇娆动人；妇功，不必技艺精巧、工巧过人。清幽闲适，端庄娴静，敬慎守节，有羞耻心，行事符合礼仪，叫作妇德；选择善语而说，不说难听的话，即使是好话，也要选择在适当的时候说出来，不招人厌。如此叫作妇言；衣服不论新旧，都洗得干干净净。按时洗头洗澡，使身体洁净。叫作妇容；专心纺纱织布，不好与人戏笑玩闹。准备好酒食饭菜，以招待宾客，叫作妇功。这四点，是女人最重要的德行，缺一不可。想要做好这些并不难，只要真正用心就行了。古人说："仁德离我们很远吗？我一心想要行仁，这仁德立刻就来了。"妇人的德、言、容、功亦是如此。

## 专心第五

《礼》，夫有再娶之义，妇无二适<sup>①</sup>之文，故曰夫者天也。天固不可违，夫故不可离<sup>②</sup>也。行违神祇<sup>③</sup>，天则罚之；礼义有愆<sup>④</sup>，夫则薄<sup>⑤</sup>之。故《女宪》曰："得意一人（得夫之意），是谓永毕<sup>⑥</sup>（和谐毕世）；失意一人，（失夫之意），是谓永讫<sup>⑦</sup>。（讫，止也。夫妇乖离。尽于此也）。"由斯言之，夫不可不求其心。然所求者，亦非谓佞媚苟亲也，固莫若专心正色，礼义居洁<sup>⑧</sup>。耳无妄听，目无邪视，出无冶容，入无废饰，无聚会群辈，无看视门户，则谓专心正色矣。若夫动静轻脱<sup>⑨</sup>，视听陕输<sup>⑩</sup>，入则乱发坏形，出则窈窕作态，说所不当道，观所不当视，此谓不能专心正色矣。

【注释】①二适：再嫁。②离：背叛。③神祇："神"指天神，"祇"指地神。神祇泛指神。④愆：罪过，过失。⑤薄：轻视，看不起。⑥毕：完毕，结束。⑦讫：完结，终了。⑧絜：音读结，通洁。清洁。⑨轻脱：轻佻。⑩陕输：陕通"闪"。不定貌。引申为轻佻。

【译文】考之于《礼记》，丈夫没有妻子就没有人辅助祭祀，没有儿女继承family统，所以不得不再娶；妇人的道义，应当是从一而终，所以丈夫去世后不应再嫁。所以说，丈夫是妻子的天。天是无法逃离的，丈夫也是不可以背离的。人的德行有亏，上天就会降之殃罚；妇人在礼义上有了过失，就会遭到丈夫的轻薄与遣辱。所以《女宪》说：妇人得意于丈夫，就能仰赖终生，幸福美满；妇人若失意于丈夫，一生的幸福就断送了。由此看来，作为妇人，不可不求得丈夫的心意。但要获得丈夫的心，并不是要巧佞、媚悦，苟取欢爱。只要专一其心、端正其色。执守礼义，居止端洁，非礼勿听，非礼勿视。叫作专心。外出时不妖冶艳媚，在家时不蓬头垢面；不和女伴聚会嬉游，不在户内窥视门外，这样就叫做专心正色。如果举止轻佻、心志不定，回家就懒散邋遢，出门就梳妆打扮，说不该说的，看不该看的，这样就叫不能专心正色了。

## 曲从第六

夫"得意一人，是谓永毕；失意一人，是谓永讫"，欲人定志专心之言也。舅姑之心，岂当可失哉？物有以恩自离者，（有恩于人，人反离之）。亦有以义自破者也。夫虽云爱，舅姑①云非，此所谓以义自破者也。然则舅姑之心奈何，故莫尚于曲从矣。姑云不，（音否），尔而是，固宜从令。姑云是，尔而非，犹宜顺命。勿得违戾②是非，争分曲直，此则所谓曲从矣。故《女宪》曰："妇如影响，（顺从舅姑，如影随形，响应声,自得欢心),焉不可赏?"

**【注释】**①舅姑:指公公婆婆。②违戾:违背,抵触;不一致。

**【译文】**上面说"妇人得意于丈夫,就能仰赖终生,幸福美满;妇人若失意于丈夫,一生的幸福就断送了",是让妇人定志专心以求得丈夫的心。然而要想得到丈夫的心,公婆的心,又怎么可以失掉呢?事情有时候也会有这样一种情况:虽然你对别人不失恩惠,却仍然使自己遭到别人的离弃,你有恩于人,别人反而离弃你。有时你虽然对别人做到了有情有义,却仍然使自己受到莫大的伤害。丈夫对你虽然恩爱,可公婆却不一定喜欢你,这就是你虽然对丈夫有情有义,却仍然使自己受到伤害的根本原因。但公婆的心意就是如此,你奈何不了,所以最好是委曲自己来顺从公婆。婆婆说不好,你觉得好,自然要听从婆婆;婆婆说好,你觉得不好,更要顺着婆婆的话去做,切不可违背抵触,争辩对错。这就是曲从。所以《女宪》说:媳妇听从公婆的命令,就像影子随着形体,回响随着声音一样,哪还有得不到公婆赞叹的呢?

## 和叔妹①第七

妇人之得意于夫主,由舅姑之爱己也;舅姑之爱己,由叔妹之誉己也。由此言之,我臧否②誉毁,一由叔妹,叔妹之心,不可失也。皆莫知叔妹之不可失,而不能和之以求亲,其蔽也哉!自非圣人,鲜能无过!故颜子贵于能改,仲尼嘉其不贰③,而况于妇人者也!虽以贤女之行,聪哲之性,其能备乎!故室人和则谤掩,内外离则过扬。此必然之势也。《易》曰:"二人同心,其利断金(可以截金铁)。同心之言,其臭(气也),如兰。"此之谓也。夫叔妹者,体敌④而分尊,恩疏

17

而义亲。若淑媛⑤谦顺之人，则能依义以笃好，崇恩以结援，使徽美⑥显章，而瑕过隐塞，舅姑矜善⑦，而夫主嘉美，声誉曜于邑邻，休光延于父母。若夫蠢愚之人，于叔则托名以自高，于妹则因宠以骄盈。骄盈既施，何和之有！恩义既乖，何誉之臻⑧！是以美隐而过宣，姑忿而夫愠，毁訾⑨（音子，谤言也），布于中外，耻辱集于厥⑩身，进增父母之羞，退益君子之累。斯乃荣辱之本，而显（显扬）否⑪之基也。可不慎欤！然则求叔妹之心，固莫尚于谦顺矣。谦则德之柄，顺则妇之行。知斯二者，足以和矣。《诗》云："在彼无恶，在此无射⑫。"此之谓也。

**【注释】**①叔妹：丈夫的妹妹，即小姑子。②臧否：褒贬，评论。③不贰：不贰过，不重犯同样的错误。④体敌：谓彼此地位相等，不分上下尊卑。⑤淑媛：美好的女子。⑥徽美：美好。多指美德。⑦矜善：夸奖。⑧臻：到，来到。⑨毁訾：亦作"毁疵"、"毁訿"或"毁呰"。毁谤；非议。⑩厥：代词其，他的、她的。⑪显否：荣枯；穷通。⑫射：嫉妒的意思。

**【译文】**妇人能得到丈夫的钟意，是因为公婆对你的爱，公婆疼爱你，是由于小叔子小姑子对你的喜爱，由此推论，对自己的肯定或否定，推崇或诋毁，全在于小姑子。小姑子的心是不可失去的。一般人都不懂得小姑子的心意不可失去，因而不能与她们和睦相处以获得双亲的喜爱，这是很糊涂的啊。人非圣贤，很难不犯错误。所以颜子贵于有过即改，仲尼称赞他不贰过。何况是妇人呢？即使具备了贤慧的品行，敏锐的天赋，就能说不会犯错了吗？所以能与一家人和睦相处，你虽然偶有过错，也会被大家遮掩袒护掉；如果家里家外都与你不合，你所犯的错误就会被迅速传播，恶名远扬。这是一定会出现的状况。《易经》上说：两个人同心，力量可以断金；同心的言语，如兰花般芬芳。说的就是这个道理。嫂嫂与小姑，地位的尊卑差不多，从两家人变成一家人，刚刚相处，相互之间谈不上有多少恩情，是因为道义才相互亲爱。倘若是个贤淑谦逊之人，就能依循道义，和她们搞好关系，布施恩惠，让她们都成为自己日后的助援，自己有些许美德就能彰显出来，而偶尔一点不好的地方就可以被遮掩掉。公婆都称赞你，丈夫更会嘉奖赞美你，这样就会使好名声传于邻里之间了，父母也会感到光彩。如果是愚蠢的女子，作为嫂嫂，就倚仗长嫂的身份而高傲自大，作为小姑，则自恃在家中从小受宠爱的优势，而骄盈傲慢。彼此之间一旦有了骄慢之心，哪里还会有和睦呢？一家人之间没有了恩义，又哪会有美好的声誉呢？这样就会美善日渐隐蔽，过咎日渐宣扬，公婆忿恨，丈夫愠怒。毁谤不善之言传扬于家里家外，遭受羞耻垢辱。不是给父母增羞，就是给丈夫添累。这是荣辱的根本、名誉好坏的根基，怎么能够不谨慎呢？要想求得小姑子的心，只要做到谦顺。谦是德行的根本，顺是妇人的行为准则。能够做到这两点，足以和小姑子搞好关系。《诗经》上说：在彼没有厌恶之心，在此没有妒忌之心。大概说的就是这种情况啊！

# 蔡中郎《女训》

（名邕，字伯喈。东汉人。）

　　谨按：女子，自离提抱①，无论富贵贫贱，鲜不日有事于盥洗梳栉者也。此编以修容喻修身，因其所共晓，而导以所未明；即其所习为，而责以所未能。眼前指点，何其亲切而有味也。女子虽至愚，三复斯训，能不揽镜而有悟乎？

　　【注释】①提抱：谓养育，照顾。借指婴幼儿。
　　【译文】谨按：做女子的，自从离开父母的怀抱之后，无论富贵还是贫贱，很少不是每天都要忙于盥洗梳妆的。这一编用修饰容貌来比喻修身，借助大家都知道的道理，来引导出大家还不明白的道理；透过女人们每天都去做的事情，教导她们暂时还不会做的事情。眼前这些指点的话，是多么的亲切而有味道啊。这些训诫就好像一面镜子，哪怕是再愚钝的女子，学习几遍以后，难道不会有所体悟吗？

　　心犹首面也，是以甚致饰焉。面一旦不修，则尘垢秽之；心一朝不思善，则邪恶入之。咸知饰其面，不修其心，惑矣。夫面之不饰，愚者谓之丑；心之不修，贤者谓之恶。愚者谓之丑，犹可，贤者谓之恶，将何容焉？故览照拭面，（面宜洁净），则思其心之洁也；傅粉，（粉宜调和），则思其心之和也；加粉，（粉宜鲜明），则思其心之鲜也；泽发，（发宜润泽），则思其心之润也；用栉①，（栉以理乱丝），则思其心之理也；立髻②，（髻宜端正），则思其心之正也；摄鬓③，（鬓宜整齐），则思其心之整也。

【注释】①栉：用梳子梳头发。②髻：盘在头顶或脑后的发结。③鬓：鬓，颊发也。脸旁靠近耳朵的头发。

【译文】一个人的内心就好比一个人的容貌，所以需要进行精心地修饰。容貌一旦不进行修整，就会有尘垢使其变得肮脏。人心如果一刻不想着善的念头，就会有邪念入侵。人人都知道要修整自己的面容，如果不懂得修养自己的心灵，这就叫糊涂啊。面容不打扮，一般世俗之人会说你丑陋，人心不能够修美，世上贤德之人就会说你是个恶人了。一般世俗之人说我丑，倒也算不了什么，如果让世上贤德的人把我看成是邪恶之辈，以后还有什么脸面见人呢？因此对着镜子擦拭脸面，容面应该擦拭干净，同时也要想到内心也要清洁啊。往脸上傅粉底的时候，粉底要调和好，同时也要想到内心要和谐啊。往脸上施粉的时候，粉要鲜艳明亮，则要想到我们的心也要鲜艳明亮。润发的时候，头发要润泽合适，则要想到我们的心也需要润泽。梳头的时候，需要把乱了的头发梳理好，则要想到我们的心乱了也要得到梳理啊。立髻的时候，髻要端正，则要想到我们的心也要端端正正啊，整理鬓发的时候，鬓发要弄得整齐美观，则要想到我们的心也需要整齐庄重啊。

# 宋尚宫《女论语》

　　(宋若昭，贝州人，世以儒闻。父菜，好学，生五女，若华、若昭、若伦、若宪、若荀，皆慧美能文。若昭文词高洁，不愿归人[1]，欲以文学名世。若华著《女论语》，若昭申释[2]之。唐贞元[3]中，诏入禁中[4]，试文章，论经史，俱称旨。若昭以曹大家自许，帝嘉其志，称为女学士[5]，拜内职，官尚宫[6]，掌六宫[7]文学，兼教诸皇子、公主，皆事之以师礼，号曰宫师。)

　　【注释】①归人：指嫁人。②申释：说明解释。③贞元：是唐德宗李适的年号（公元785年～公元805年），共计二十一年。④禁中：指帝王所居宫内。⑤女学士：宫中女官名。⑥尚宫：宫廷女官名，尚宫局的负责人。⑦六宫：古代皇后的寝宫，正寝一，燕寝五，合为六宫。

　　【译文】宋若昭，她是贝州（今河北省邢台市清河县）人。她的家族以世代学习儒学而闻名。她的父亲宋廷菜非常好学，生有五个女儿，分别是：若华、若昭、若伦、若宪、若荀，这五姐妹都很聪明美丽，而且都很有文采。其中老二若昭的文章散发出一种高尚纯洁的气质，她自己一生也没有嫁人，而是想在文学方面有所成就和传承。宋若华著写了《女论语》，她的妹妹若昭为《女论语》作了注解（我们今天所看到的就是若昭注解的版本）。唐朝贞元年间，皇帝下诏命若昭进宫，试考她的文章经史，结果各方面都深得皇上的欢心。若昭自比当代班昭，皇上对她的这种志向很赞赏，封她为"女学士"。并让她担任尚宫的官职，负责后宫伦理道德的教化工作，并教导各位皇子和公主。这些皇子和公主也都以事奉老师的礼节尊敬她，因此，宋若昭被称为宫师。

谨按：若华①托曹大家之意，集为女训，名曰《女论语》，其妹若昭申释②之。夫《论语》，圣贤问答之言也，可与之并列乎? 然吾观曲礼内则，所载葱薤③酒浆，纷帨④刀砺⑤，纤悉具备。盖至道⑥不离乎居室日用之常，而圣贤垂训，无非欲人言动举止，悉合于当然⑦之则。《论语》二十篇，亦岂在高远哉? 兹编条分缕晰，便于诵习，言虽浅俚⑧，事实切近⑨，妪媪孩提，皆可通晓。苟如斯训，亦不愧于妇道矣。

【注释】①若华：宋若华(?年~820年)，宋若昭大姐。《新唐书》中作宋若莘，此从《旧唐书》。②申释：说明解释。③葱薤：两种食用草本植物。薤，音械。④纷帨：拭物的佩巾；抹布。纷，通"帉"；帨，音税。⑤刀砺：小刀和磨刀石。古人或少数民族随身携带的日用品。⑥至道：大道。⑦当然：本应有的，应当这样。⑧浅俚：浅显粗俗。⑨切近：非常接近；非常符合。

【译文】谨按：宋若华依托曹大家之意，将她的女训辑录成集，取名为《女论语》，她妹妹宋若昭对《女论语》进行了解释说明。《论语》，是圣贤之间的问答之言，这部《女论语》可以与之并列吗? 然而我看了《曲礼·内则》，所记载的葱、薤、酒水之类，纷帨、刀砺等物，大小事物都细微详尽，全部具备。由此看来，至深至尽的大道也离不开百姓日常生活的起居饮食啊。而古圣先贤的垂示教训，无非是想让人的言语举动、行为举止都符合天地自然的规则。《论语》所记二十篇，又怎么会只在乎高远之志呢? 这部《女论语》条分缕析，便于诵习，言语虽然浅显粗俗，但所记载的与事实非常接近，无论是老婆婆还是小孩子，都能够通晓明白。假如真能够依照书中的教诲去做，也可以无愧于妇道了。

## 立身章第一

凡为女子，先学立身。立身之法，惟务清贞。清则身洁，贞则身荣。行莫回头，语莫掀唇①。坐莫动膝，立莫摇裙。喜莫大笑，怒莫高声。内外各处，男女异群。莫窥外壁，莫出外庭②。男非眷属，莫与通名。女非善淑，莫与相亲。立身端正，方可为人。

【注释】①掀唇：翻起嘴唇，表示不满或生气。②外庭：国君听政的地方。对内廷、禁中而言。也借指朝臣。

【译文】作为女子，首先就要学会立身，而立身最重要的就是要清净贞良。清净则身体纯洁，贞良则受人尊重。女子走路不要回头，说话不要外露着牙齿，坐着的时候不要摇晃两膝，站立的时候不要晃动裙子，高兴的时候不要放声大笑，气愤的时候不要大声呵斥。（古代社会是大家庭）男女的住处要分开（女的住在内院，男的住在外庭），走路时，男的在左边，女的在右边。（没有事情）不要窥视户外，不到外庭。男子如果不是自己的家属亲眷，不要告诉对方自己的姓名。女子如果不是善良贤慧之人，也不要和对方走得太近。这些最基本的言行举止都做好了，才谈得上如何做人。

## 学作章第二

凡为女子，须学女工。纫麻缉①苎②，粗细不同。车机纺织，切勿匆匆。看蚕煮茧，晓夜相从。采桑摘柘，看雨占风。滓③湿即替，寒冷须烘。取叶饲食，必得其中。取丝经纬④，丈疋⑤成工。轻纱下轴⑥，细布入筒。绸绢苎葛，织造重重。亦可货卖，亦可自缝。刺鞋作袜，引线绣绒。缝联补缀，百事皆通。能依此语，寒冷从容。衣不愁破，家不愁穷。莫学懒妇，积小痴慵。不贪女务，不计春冬。针线粗率，为人所攻。嫁为人妇，耻辱门风。衣裳破损，牵西遮东。遭人指点，耻笑乡中。奉劝女子，听取言终。

**【注释】**①绩：音辑。把麻析成缕连接起来。②苎：音注。多年生草本植物，茎皮含纤维质很多，是纺织工业的重要原料。③滓：污黑，污浊（的脏东西）。④经纬：织物的纵线和横线。比喻条理、秩序。⑤疋：音脾，同"匹"。⑥轴：纺织机上持经线的工具。

**【译文】**凡是女子，必须学会女性应该有的本领。比如用麻捻线，还要把粗的和细的分开来，方便用纺车纺织，千万不要太匆忙（使织出的布工艺和品质都不好）。等蚕养到可以煮茧抽丝的时候，女子就要夜以继日地照料。养蚕需要采摘桑叶，还需要注意天气的变化，养蚕的工具如果脏了或者湿了就要及时替换；天气寒冷的时候就要给蚕加温（防止过冷使蚕被冻死）。喂蚕要注意适度，（不能够过饱也不能够过饥）。抽丝的时候一定要注意经线和纬线不能搞乱，这样才能做成匹的丝绸出来。轻纱要用卷轴卷起来，细布也要卷起来放在筒里。绸、绢、苎、葛这些布匹积累多了（除了留作家用的以外），多余的还可以卖掉以补贴家庭日用所需。也可以自己缝制衣服，做鞋子呀，织袜子呀。还可以做一些刺绣之类的东西，衣服破了自己缝补。如此，做女子样样都会啊！果真能够按照这些话去做，即使遇到寒冷的时候也不用担忧，从容应对，衣服不愁破损，家庭不怕贫穷。千万不要学那些懒女人，从小就养成糊涂、懒惰的习惯，既不学做女工，什么时候该做什么也是一无所知，针线活很粗糙，被人看不起。长大后嫁人了，也会连累娘家被别人羞辱耻笑门风不好，当衣裳破损了，自己又不会缝补，就会遭到别人的指责，在乡里会成为他人的笑柄。在此奉劝女孩子，一定要接受这些好的教训啊！

## 学礼章第三

凡为女子，当知礼数。女客相过①，安排坐具。整顿衣裳，轻行缓步。敛手低声，请过庭户。问候通时②，从头称叙。答问殷勤，轻言细语。备办茶汤，迎来递去。莫学他人，抬身不顾。接见依稀③，有相欺侮。如到人家，当知女务。相见传茶，即通事故④。说罢起身，再三辞去。主若相留，礼筵⑤待遇⑥。酒略沾唇，食无又箸。退盏辞壶，过承⑦推拒。莫学他人，呼汤呷醋⑧。醉后颠狂，招人怨恶。当在家庭，少游道路。生面相逢，低头看顾。莫学他人，不知朝暮。走遍乡村，说三道四。引惹恶声，多招骂怒。辱贱门风，连累父母。损破自身，供他笑具⑨。如此之人，有如犬鼠。

【注释】①相过：互相往来。②通时：犹顺时。此处指主客双方互相叙说上一次见面的时间。③依稀：含糊不清地，不明确地。④事故：原泛指事情，现在指意外的损失或灾祸。此处指叙说旧情。⑤礼筵：清制于令节设宴招待宗亲、群臣百官及藩属的筵席称礼筵。⑥待遇：接待；对待。⑦过承：拜访。⑧呼汤呷醋：此处指在酒桌上你一杯我一杯，比谁喝酒多。⑨笑具：笑柄，笑料。亦指取笑、嘲弄的对象。

【译文】作为女子都应懂得待人处世的礼仪规范。当女客人要前来寒舍做客，就应当事先安排坐具，整理好自己的衣着，动作要缓和，说话要柔声下气。当女客人到来后，先把其招待到自己的内庭，相互寒暄上次见面的情境和时间，对客人提出的问题热情回答，而且语言柔和。认真准备菜肴鲜汤，热情款待。千万不要去学那些无礼之人，客人来了都不能够起身相迎，招待很随便，对待客人轻视侮慢。倘若是到别人家去，看到主人要准备茶水，就要赶急说明事由，说完事情之后就应当主动起身告辞。如果主人还是再三挽留，盛情招待，当主人敬酒时，只可略微沾一下唇，以示谢意，每次夹菜时不可以接连夹两次。面对主人的盛情，要处处谦恭辞让，切莫学某些人在酒席上呼杯唤盏，醉酒之后癫狂失性、胡言乱语，招人厌恶。女子应当安守本分，平常待在家里，少到外面走动。如果路途上与陌生人相遇，应当低头专注地走自己的路。不要像有些人，不知道时间的早晚，到处串门子，尽说是是非非，这样的行为会招惹许多不好的名声，甚至会引来他人的怒骂。如此一来，就羞辱了自家的门风，连累父母，伤害自身，受到他人的嘲笑和轻贱。这样的人，就如同狗和老鼠一般被人看不起。

## 早起章第四

凡为女子，习以为常。五更鸡唱，起着衣裳。盥漱已了，随意梳妆。拣柴烧火，早下厨房。摩锅洗镬<sup>①</sup>，煮水煎汤。随家丰俭，蒸煮食尝。安排蔬菜，炮豉<sup>②</sup>春姜。随时下料，甜淡馨香。整齐碗碟，铺设分张。三餐饱食，朝暮相当。莫学懒妇，不解思量。日高三丈，犹未离床。起来已晏，却是惭惶<sup>③</sup>。未曾梳洗，突入厨房。容颜龌龊<sup>④</sup>，手脚慌忙。煎茶煮饭，不及时常。又有一等，餔馔<sup>⑤</sup>争尝。未曾炮馔，先已偷藏。丑呈乡里，辱及爷娘。被人传说，岂不羞惶？

**【注释】**①镬：音获。古代的大锅。②豉：用煮熟的大豆或小麦发酵后制成。有咸、淡二种，供调味用，淡的也可入药。③惭惶：羞愧惶恐。④龌龊：肮脏，污秽。⑤铺馔：吃喝。

【译文】作为女子，要养成早起的好习惯，当公鸡鸣叫快要天亮的时候，就应该起床穿好衣裳，洗漱完毕，很从容地梳妆之后，就要准备做饭的柴火，早早地下到厨房，洗刷好做饭的锅碗瓢盆等用具，开始做早餐了。根据自家的经济条件来决定饭菜是做的丰盛还是俭约。做饭的过程中要留意品尝饭菜的味道，准备好蔬菜和调料，根据需要随时下料，使做出的饭菜味道可口。用餐前将盛好饭菜的碗碟摆放整齐，让全家人每日三餐都吃好，这样从早到晚从不懈怠。千万不要学那些懒婆娘，对分内的事情一点不会安排。有时候太阳都已经升起很高了，还没有起床。起床已经太晚，内心难免惭愧、惶恐不安。都还没有梳洗自己，就匆匆忙忙地下到厨房，自己的容颜很肮脏，做起事来又手忙脚乱，做出的茶饭自然比不上平常了。还有一等女子，特别贪吃，还没等大家一起享用，自己先吃起来了，（如此还不满足）还要偷偷地藏起来。这种丑事被乡里人知道了，连自己的父母都会受到羞辱。被人到处传播，那岂不就是非常羞愧、惶恐了吗？

## 事父母章第五

女子在堂①，敬重爹娘。每朝早起，先问安康。寒则烘火，热则扇凉。饥则进食，渴则进汤。父母检责②，不得慌忙。近前听取，早夜思量。若有不是，改过从长。父母言语，莫作寻常。遵依教训，不可强梁③。若有不谙，细问无妨。父母年老，朝夕忧惶。补联鞋袜，做造衣裳。四时八节，孝养相当。父母有疾，身莫离床。衣不解带，汤药亲尝。祷告神祇④，保佑安康。设⑤有不幸，大数⑥身亡。痛入骨髓，哭断肝肠。劬劳⑦罔极⑧，恩德难忘。衣裳装殓，持服居丧。安埋设祭，礼拜家堂。逢周遇忌，血泪汪汪。莫学忤逆，不敬爹娘。才出一语，使气昂昂。需索陪送，争竞衣装。父母不幸，说短论长。搜求财帛，不顾哀丧。如此妇人，狗彘豺狼。

**【注释】**①在堂：在屋。谓生母健在。此处指还未出嫁。②检责：检查责备。③强梁：强横、凶暴。这里是倔强的意思。④神祇：指天神和地神，泛指神明。⑤设：假使。⑥大数：命运注定的寿限。⑦劬劳：劳累；劳苦。⑧罔极：指人子对于父母的无穷哀思。

**【译文】**女子还未出嫁前，在家要孝顺父母，每天早起，先向父母亲问早安，关心父母亲的身体健康。令他们冷了就可以取暖，热了就有人扇凉。饿了就有吃的，渴了就有喝的。父母责备过错，不得慌慌忙忙，不耐烦，而是要近前恭敬地聆听，事后要从早到晚认真反省，如果有不对之处，认真改过，争取此后不再犯。父母说的每一句话，都不能轻视。应当听从教诲，万万不可自以为是。如果有不明白的地方，应该乘着机会赶快请教。父母亲年纪老了，做女儿的要时常担忧他们。为他们做鞋补袜，缝制衣裳。一年四季，要照顾好他们的生活起居。当父母亲生病了，做儿女的要时刻守候在病床边，穿着衣服睡觉，父母吃的汤药自己都要先亲自尝过。诚心诚意地向神明祈祷，希望父母亲的病能很快痊愈，恢复健康。当有一天，父母亲去世，做儿女的内心应是极度悲伤，哭断肝肠。想起父母的养育之恩无限哀思，他们的恩德终身难忘。为父母穿好寿衣，入殓。然后穿上孝服居丧。依据礼法进行安葬、祭奠，每逢周年、忌日，内心总是很悲伤，眼泪止不住地往下流。千万不能叛逆，不尊敬父母。父母刚开口教诲我们，自己便心生不服，态度强势。在家只想着吃好的、穿好的，到了快要出嫁的时候，就想着索要很多嫁妆。父母过世，没有哀痛的心，反而对兄嫂弟媳说三道四，算计争夺父母的财产。这样的女儿，真是狼心狗肺啊！

# 事舅姑章第六

阿翁阿姑[①]，夫家之主。既入他门，合称新妇。供承[②]看养[③]，如同父母。敬事阿翁，形容[④]不睹。不敢随行，不敢对语。如有使令，听其嘱咐。姑坐则立，使令便去。早起开门，莫令惊忤[⑤]。洒扫庭堂，洗濯巾布。齿药[⑥]肥皂，温凉得所。退步阶前，待其浣洗。万福[⑦]一声，即时退步。整办茶盘，安排匙箸。香洁茶汤，小心敬递。饭则软蒸，肉则熟煮。自古老人，齿牙疏蛀。茶水羹汤，莫教虚度。夜晚更深，将归睡处。安置相辞，方回房户。日日一般，朝朝相似。传教庭帏[⑧]，人称贤妇。莫学他人，跳梁[⑨]可恶。咆哮尊长，说辛道苦。呼唤不来，饥寒不顾。如此之人，号为恶妇。天地不容，雷霆[⑩]震怒。责罚加身，悔之无路。

【注释】①阿翁阿姑：用以称丈夫的父亲、母亲。②供承：侍奉，执役。③看养：照料；奉养。④形容：表情，神态。⑤忤：触动。⑥齿药：治齿病的药，此指牙膏之属。⑦万福：古代妇女相见行礼，多口称"万福"，后因以指妇女行的恭敬礼。行礼时，两手松松抱拳，重叠在胸前右下侧上下移动，同时略做鞠躬的姿势。⑧庭帏：指妇女居住的内室。⑨跳梁：跋扈；强横。⑩雷霆：震雷，霹雳。

【译文】公公婆婆是丈夫家的主人，既然儿媳妇已经入了丈夫家的门，就应该尽到做媳妇的本分，照顾奉养公婆，把他们二老当自己的亲生父母一样看待。事奉公公，不敢仰视公公的容貌，不敢追随公公走得很近，不敢当面跟公公对话，公公如果有事务交代，做儿媳妇的要恭敬地听从嘱咐。婆婆坐着的时候，儿媳妇就站立在旁边，有命令，媳妇就赶紧去做。早晨起来开门的时候一定要小心，不要惊醒还在睡觉的公婆。然后开始打扫庭院和屋里的卫生，把毛巾洗干净，（为公婆)准备好牙膏牙刷肥皂,洗脸水温度适中,(端到公婆的住处)然后退到一旁,等公婆洗漱完了以后,自己道一声万福,就收拾水盆用具赶紧退下(要开始准备早餐)。准备好干净整洁的碗、碟子、勺子、筷子。烧好清香洁净的热茶水,小心恭敬地递送到公婆的手上。饭要做得软一些,肉则要煮得烂一些。因为老人家的牙齿松了。甚至还会有蛀牙。一天的其他时候也要准备一些茶水、羹汤等食物,不要让老人觉得饥饿。到了夜晚,一家人开始准备休息了,这时候儿媳妇就要伺候二老睡觉,等公婆已经躺下了,再道声晚安方可离开,然后再回到自己的房间。能够天天这样去做,这种孝敬公婆的身教就会影响家族中的其他人,大家都会称她为贤慧的媳妇。千万不要向蛮横不讲礼的恶妇人学习,蛮横的媳妇会惹人讨厌。动不动就在长辈面前发脾气,经常抱怨自己辛苦。公婆使唤她,根本就叫不动,公婆是饿是冷也不管不顾,这样的女人,就叫作恶妇。这种人天地不容,是要遭雷劈的,等到果报显现时,后悔就已经来不及了。

## 事夫章第七

　　女子出嫁,夫主为亲。前生缘分①,今世婚姻。将夫比天,其义匪轻。夫刚妻柔,恩爱相因。居家相待,敬重如宾。夫有言语,侧耳详听。夫有恶事,劝谏谆谆。莫学愚妇,惹祸临身。夫若出外,须记途程②。黄昏未返,瞻望③相寻。停灯温饭,等候敲门。莫学懒妇,先自安身。夫如有病,终日劳心。多方问药,遍处求神。百般治疗,愿得长生。莫学蠢妇,全不忧心。夫若发怒,不可生嗔。退身相让,忍气低声。莫学泼妇,斗闹频频。粗丝细葛,熨贴④缝纫。莫教寒冷,冻损夫身。家常茶饭,供待殷勤。莫教饥渴,瘦瘠苦辛。同甘同苦,同富同贫。死同葬穴,生共衣衾。能依此语,和乐瑟琴⑤。如此之女,贤德声

31

闻。

【注释】①缘分：谓由于以往因缘致有当今的机遇。②途程：路途的距离（多用于比喻）。③瞻望：往远处或高处看。④熨贴：把衣物烫平。⑤瑟琴：比喻夫妻感情和睦。

【译文】女子出嫁以后，丈夫就是自己一生的依靠了。由于前生的缘分，所以这一生才会成为夫妻。妻子把丈夫当天一样来看待，这种恩义、情义、道义可非同一般。丈夫刚正，妻子柔顺，彼此恩爱才能白头偕老。夫妻组成一个家庭，在一起朝夕相处，一定要彼此相敬如宾。当夫君与自己说话的时候，妻子要恭敬地来聆听。如果丈夫做了不合道义的事情，应该要耐心地劝诫，千万不要学那些愚蠢的妇人，帮助丈夫助纣为虐，到最后就会惹祸上身。丈夫如果有事外出，做妻子的一定要了解丈夫的去处和路程的远近。黄昏时分丈夫还未返回，就要向着丈夫出门的方向不断瞻望，盼着丈夫早点归来。天黑了要为丈夫亮着灯，将做好的饭菜每隔一会儿就加一次温，等候丈夫随时敲门归来就能吃到热乎乎的饭菜。千万不要学那些懒惰的妇女，丈夫还没有回家，自己就先睡下了。丈夫如果生病了，妻子就要整天的忧心忡忡，到处求医问药，祈求神灵保佑。要想尽一切办法将丈夫的病治好，祈求夫君健康长寿。万万不可学那些愚蠢的妇人，丈夫的疾病根本就不放在心上。丈夫要是生气发怒了，做妻子的别跟着生气上火，应当退让一步，和气相待，低声应对。千万不要学那些不明事理的凶悍女人，经常在家中和自己的丈夫斗闹不休。丈夫的各种衣服都要熨烫、缝补得干净整齐，不要让自己的夫君身体受冻损伤。每天的饮食要照顾周到，不可让丈夫挨饿受渴使得身体消瘦以致生病。夫妻同甘共苦，有福同享，有难同当。在世一同生活，过世合葬在一起。为人妻子的果能按照以上这些教诲去做，那么夫妻之间相处一定很和谐。这样的女子，贤慧的名声就会传播得很远。

# 训男女章第八

大抵人家，皆有男女。年已长成，教之有序。训诲之权，亦在于母。男入书堂①，请延②师傅。习学礼仪，吟诗作赋。尊敬师儒，束脩③酒脯④。女处闺门，少令出户。唤来便来，唤去便去。稍有不从，当加叱怒。朝暮训诲，各勤事务。扫地烧香，纫麻缉苎。若在人前，教他礼数。莫纵娇痴，恐他啼怒。莫纵跳梁⑤，恐他轻侮。莫纵歌词，恐他淫污。莫纵游行，恐他恶事。堪笑⑥今人，不能为主。男不知书，听其弄齿⑦。斗闹贪杯，讴歌⑧习舞。官府不忧，家乡不顾。女不知礼，强梁言语。不识尊卑，不能针指。辱及尊亲，有玷父母。如此之人，养猪养鼠。

【注释】①书堂：学堂。②请延：邀请；招请。③束脩：古代入学敬师的礼物。④酒脯：酒和干肉。后亦泛指酒肴。⑤跳梁：跋扈；强横。⑥堪笑：可笑。⑦弄齿：出言不逊，与人言语争斗。⑧讴歌：歌唱。

【译文】一般的家庭都会生育儿女来延续后代。随着孩子们年龄不断的增长，教育就要有一定的次第。而教育下一代的大权，最主要还是以母亲为主导。男孩子（六七岁）进学堂读书，父母要为孩子礼请有道德学问的老师，让孩子跟随这样的老师学习礼仪以及文学方面的道德文章。父母要给孩子做出尊师重道的好榜样，向老师行束脩之礼。女孩子小的时候要老老实实待在家里边，不要随便外出。随时要听从父母的使唤，如果出现稍有不顺从的心理和行为，做母亲的一定要严加责备（勿使其出现骄慢之心）。从早到晚要随时随地的进行教导，家里各种事务都要很勤快地去做。打扫卫生，恭恭敬敬地给祖宗烧香（以表示念念不忘）。认真学做纺织及针线活之类的女工。家里来了客人，就及时教导她应对进退的礼节。（做母亲的）千万不要纵容女儿的骄慢愚痴，防止她动不动就无缘无故地发脾气哭闹。不要纵容她跋扈猖狂的习气，防止她一不小心就会有轻慢侮辱他人的言语和行为。不要纵容她沾染那些不健康的诗词歌曲，防止她产生淫污之心。不要纵容她随便外出，防止她做出有损闺名的恶事和丑事。今天的人们真可笑啊！自己本身没有见识智慧。有了男孩，不能教导他知书达理，任凭他出言不逊，和社会上一些不良子弟混在一起斗闹饮酒，唱歌跳舞。（这样的孩子）既不害怕触犯法律，也不担心连累家庭和乡邻。有了女儿，不教导她妇道礼节，使其习性跋扈蛮横、出言不逊。不懂得长幼尊卑，也不会针线之类的女工。以上的行为都会侮辱自己的祖宗，羞辱自己的父母亲。养出这样的孩子，和养猪养老鼠有什么区别呢！

## 营家章第九

营家之女，惟俭惟勤。勤则家起，懒则家倾。俭则家富，奢则家贫。凡为女子，不可因循①。一生之计，惟在于勤。一年之计，惟在于春。一日之计，惟在于寅。奉箕拥帚，洒扫灰尘。撮②除邋遢③，洁静幽清。眼前爽利，家宅光明。莫教秽污，有玷门庭。耕田下种，莫怨辛勤。炊羹造饭，馈送④频频。莫教迟慢，有误工程。积糠聚屑，喂养孳⑤牲。呼归放去，检点搜寻。莫教失落，扰乱四邻。夫有钱米，收拾经营。夫有酒物，存积留停。迎宾待客，不可偷侵。大富由命，小富由勤。禾麻菽麦，成栈⑥成囷⑦。油盐椒豉，盎瓮装盛。猪鸡鹅鸭，成队成群。四时八节，免得营营。酒浆⑧食馔⑨，各有余盈。夫妇享福，欢笑欣欣⑩。

【注释】①因循: 疏懒; 怠惰; 懒散。②撮: 把聚拢的东西用簸箕等物铲起。③邋遢: 肮脏, 不整洁; 垃圾。④馈送: 赠送, 也指赠送的东西。⑤孳: 滋生, 繁殖。⑥栈: 储存货物或供旅客住宿的房屋。⑦囷: 音夋。古代一种圆形谷仓。⑧酒浆: 泛指酒类。⑨馔: 一般的食品、食物。⑩欣欣: 喜乐貌。

【译文】对于一个真正懂得经营家庭的女子来说, 一定要谨记勤劳节俭。勤劳家庭就会兴旺, 懒惰家庭就会衰败; 节俭, 家庭就会富裕, 奢侈, 家庭就会贫穷。作为女子, 不能够懈怠懒散。一生的关键就在于勤快, 一年的关键就在于春天, 一天的关键就在于寅时 (早上三点到五点, 古人寅时即起床)。一清早就要拿起撮箕和笤帚打扫卫生, 除去灰尘, 使自己的生活环境洁净清雅, 使人的视觉感受清爽利落, 整个家庭一片欣欣向荣。千万不要脏乱不堪, 有辱自家的门风。到了耕田播种的农忙时节, 千万不要抱怨太辛苦。烧火做饭, 给丈夫送饭要准时及时, 不能够迟缓懈怠, 使丈夫因饥饿而耽误了农活。准备好糠和饲料来喂养这些家畜。把放出去的家畜按时收拢回来, 并且还要检查有无缺失, 以防遗失家畜, 使其扰乱邻居家的生活。丈夫有了多余的钱财和粮食, 妻子要懂得料理妥当。丈夫有了酒和其他物品, 要懂得储存妥善。这些东西可以用来招待客人, 不可以独自享用或者私藏。大富这是由自己的命运来决定的, 但小富可以用勤劳获得。家里的稻谷、芝麻、豆类、小麦等都要把它装在大小不同的仓里边。调味品也要盛在瓶瓶罐罐里面。家畜也要分类饲养, 使它们繁殖得很旺盛。这样做就可使一年四季的各种节日里招待宾客时菜肴丰盛, 而不会由于欠缺而四处张罗。如此则夫妇享福, 日子过得真是欢喜快乐啊!

## 待客章第十

大抵人家, 皆有宾主。洗涤壶瓶, 抹光罍子①。准备人来, 点汤递水。退立堂后，听夫言语。细语商量，杀鸡为黍。五味调和，菜蔬齐楚②。茶酒清香，有光门户。红日含山，晚留居住。点烛擎③灯，安排卧具。钦敬④相承⑤，温凉得理。次晓相看，客如辞去。酒饭殷勤，一切周至。夫喜能家，客称晓事。莫学他人，不持家务。客来无汤，慌忙失措。夫若留人，妻怀嗔怒。有箸无匙，有盐无醋。打男骂女，争啜⑥争哺⑦。夫受惭惶，客怀羞惧。有客到门，无人在户。须遣家童⑧，问其来处。当见则见，不见则避。敬待茶汤，莫缺礼数。记其姓名，询其事务。等得夫归，即当说诉。奉劝后人，切依规度⑨。

**【注释】**①橐子：指盘子一类的用具。②齐楚：整齐美观。③擎：向上托；举。④钦敬：钦佩敬重。⑤相承：先后继承；递相沿袭。⑥啜：饮，吃。⑦哺：口里含着的食物。⑧家童：旧时对私家奴仆的统称。⑨规度：规矩，制度。

**【译文】**一般人家都会有客人往来。因此事先就要把壶、瓶、盘子等用具洗涤干净。当客人到来了，就赶紧端茶倒水，伺候完客人，妻子就退下，准备等待丈夫的其他吩咐。招待客人之前就要和丈夫恭顺地商量如何招待，之后就准备杀鸡做菜盛情款待。菜肴要做得味道鲜美，饭菜摆放得整整齐齐，茶、酒都很清香。妻子能这样做就会给自家的门户增添光辉。到了傍晚时分，要主动挽留客人住下，点亮灯烛，为客人安排住宿的卧具，与客人恭敬地应对进退，使客人晚上睡得冷暖适宜。第二天早晨前去问候客人，如果客人要辞别，还要热情准备酒食为客人饯行，方方面面都要谨慎周到。如此丈夫就会很高兴自己的太太能够持家，客人也会称赞她明白事理。千万不要学某些不贤之妇，不懂得料理家务。当客人来了，连个茶水也没有，动作慌张失措。丈夫要挽留人，妻子就心中有气，招待客人用餐不是缺这个，就是少那个。当着客人的面打儿骂女，指责孩子贪嘴多吃了这个多吃了

教女遗规

那个，让做丈夫的感到非常的惭愧惶遽，客人也会感到羞辱惧怕。有客人来了，丈夫不在家。做太太的就要吩咐家童接待客人，并问明客人的来处。如果是熟悉的客人，就可以互相通报姓名。该见的客人就可以会面，不该见的就要懂得回避。但还是要恭敬地接待，不能够缺少礼数，并记下客人的姓名和为什么事情而来，等丈夫回家后及时告知丈夫。在此奉劝后世的人，一定要依从待客的规矩。

## 和柔章第十一

处家之法，妇女须能。以和为贵，孝顺为尊。翁姑①嗔责，曾如不曾。上房下户，子侄宜亲。是非休习，长短休争。从来家丑，不可外闻。东邻西舍，礼数周全。往来动问，款曲②盘旋③。一茶一水，笑语忻然④。当说则说，当行则行。闲是闲非，不入我门。莫学愚妇，不问根源。秽言污语，触突⑤尊贤⑥。奉劝女子，量后思前。

【注释】①翁姑：公公婆婆。②款曲：殷勤应酬。③盘旋：指仪节中遵照一定程序的回旋进退。④忻然：喜悦貌；愉快貌。⑤触突：冒犯。⑥尊贤：高贵贤能。

【译文】与家人相处的方法，作为妇女必须懂得，一切以和为贵，把孝顺长辈放在至高无上的地位。当公婆生气责骂时，自己内心就像没有发生过这样的事情一样。家中子侄辈的孩子们要多加爱护。对于是非之事不要参与，也不争长论短。家里面不光彩的事情千万不要外传。对周围的邻居，互相往来要懂得礼数，见面嘘寒问暖时既热情又有礼节。（邻居登门）要热情招待，端茶倒水，言语应对时喜悦和乐。注意该说的话才说，该做的事才做，一切无关紧要的是是非非，一律不要参与，免得将这些是非带进自己家中。千万不要学那些愚蠢的女人，没弄清事情的根由就胡乱插嘴，甚至污言秽语，冒犯尊长和贤德之人。奉劝女子，说话、行事一定要谨慎思考。

# 守节章第十二

古来贤妇，九烈三贞①。名标②青史③，传到于今。后生宜学，勿曰难行。第一贞节，神鬼皆钦。有女在室，莫出闺庭④。有客在户，莫露声音。不谈私语，不听淫音。黄昏来往，秉烛掌灯。暗中出入，非女之经。一行有失，百行无成。夫妻结发⑤，义重千金。若有不幸，中路先倾。三年重服⑥，守志坚心。保家持业，整顿坟茔⑦。殷勤训子，存殁⑧光荣。

【注释】①九烈三贞：也作三贞九烈。古时用来赞誉妇女的贞烈。贞，贞操；烈，节烈。②标：写明，标注。③青史：古时用竹简记事，所以后人称史籍为青史。④闺庭：家庭。⑤结发：指结为夫妻。成婚。古礼。成婚之夕，男左女右共髻束发，故称。⑥重服：服丧过度；重丧服。⑦坟茔：坟墓；坟地。⑧存殁：生者和死者。

【译文】自古以来贤德的妇女，都是具有光宗耀祖守贞如一的高尚品德，因此她们的风范都会被记录在史书上，一直传承到今天。后代的女子应当学习效法，不要妄自菲薄，说自己难以做到。作为女子，第一就是要守住内心的贞正纯洁和凛然不可侵犯、誓死不变的节操，这种人连鬼神都敬佩她！女孩子要常待在家中，不要随意外出。家里来了客人，女孩子应该静静地待在内屋，不要弄出响声。不谈论见不得人的话，不听不正经的话，不接触淫邪的乐声。黄昏夜行，必须要有蜡烛或者灯来照亮。在黑暗中行走，这是女子所不应该的。行为有一个方面出现污点，所有的品行就都无法圆满。夫妻结合成为一体，恩义、道义、情义重如千金。如果丈夫出现不幸，先自己而去。自己就要服丧三年，依然坚守自己纯一不二的心志，继续操持家业，为丈夫整理坟墓，勤勉地教导丈夫留下的儿女，能如此做，那么对于去世的和活着的人来说都是光荣的事情。

此篇论语，内范①仪刑②。后人依此，女德昭明。幼年切记，不可朦胧③。若依此言，享福无穷。

【注释】①内范：闺范；妇德。②仪刑：楷模；典范。③朦胧：此处指含糊。

【译文】这篇《女论语》是做女子的规范和楷模。后代的女子如果能够照着去做，一个女性本有的德行智慧就能得到彰显。女孩子在幼小的时候就要牢记，不可以马马虎虎地看过就算了。果真依照这些教诲去做，后福无穷啊！

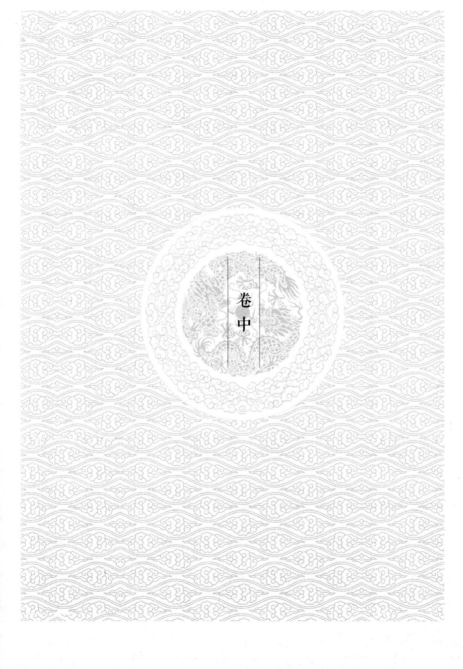

卷中

# 吕近溪《女小儿语》

（公名得胜，明嘉靖时，宁陵人。）

　　谨按：近溪先生小儿语，已刊入《养正遗规》，兹篇其专训女子者也。警醒透露①，无一字不近人情，无一字不合正理，其言似浅，其义实深，闺训之切要，无有过于此者。凡为女子，童而习其词，长而通其义，时时提撕②，事事效法，庶乎③女德可全，虽以之终身焉可也。

　　【注释】①透露：显豁；明显。②提撕：教导；提醒。③庶乎：犹言庶几乎。近似，差不多。
　　【译文】谨按：近溪先生的《小儿语》，已经收录在《养正遗规》中，这篇《女小儿语》是他专为教导女子所撰写的。文中所讲之义警醒、明显，没有一字不合乎人之常情，没有一字不合乎正当的道理，其言语看似浅显，其中的义理却很深刻，确切扼要地点明闺训的纲要，恐怕没有能够超过它的了。作为女子，儿童时期学习诵读，待到稍长的时候领会、通达其中的义理，常常地用此提醒自己，凡事效法其中所讲，女子应有的德行、修养自己就差不多全备了，用它来伴随自己终身是再好不过的了。

# 四 言

少年妇女，最要勤谨，比人先起，比人后寝。争着做活，让着吃饭，身懒口馋，惹人下贱。

【译文】女子在少年时，最应勤快、谨慎（养成良好的习惯）。要比家里其他人先起床，还要比家里的人晚就寝。干活的时候要争先，吃饭的时候要谦让。身体懒惰嘴巴贪馋，最容易让别人轻视。

米面油盐，盘碟匙箸，一切家火，放在是处。件件要能，事事要会，人巧我拙，见他也愧。

【译文】米面油盐、盘碟匙箸，这些日常用到的物品，要放在一定的地方，保证物有定处。件件手工都能胜任，家常事情都要会做。别人灵巧而我笨拙，看到他人自己应该时时感到惭愧。

口要常漱，手要常洗，避人之物，藏在背里。脚手头脸，女人四强①，身子不顾，人笑爷娘。衣服整齐，茶饭洁净，污浊（川入声）邋遢，诸人厌憎。

【注释】①四强：脚、手、头、脸。
【译文】要经常漱口，经常洗手，养成良好卫生习惯。应避开他人的事物，要放在别人看不到的地方。脚、手、头、脸，这是女子最需要注意的地方，要时刻保持得体、整洁。如果自己不注意，不能照顾好自己的身子，他人会嘲笑自己的父母。衣服要时刻保持干净、整洁，茶水、饭菜要卫生、洁净。如果衣食肮脏、不整洁，便会让他人讨厌、憎恶。

一斗①珍珠,不如升米,织金妆花②,再难拆洗。刺(音七)凤描鸾③,要他何用,使的眼花,坐成劳病。

【注释】①斗:中国市制容量单位。十升为一斗,十斗为一石。②织金妆花:回纬挖花妆彩织金的技法,是中国古代的一种丝织工艺技术。③刺凤描鸾:形容女子绣花。鸾,传说中凤凰一类的鸟。刺,刺绣。凤,凤凰。

【译文】一斗的珍珠没有一升的米粮贵重,用织金妆花技术制作的丝绸很难再拆洗使用了。要让自己从小养成一种爱惜财物的习惯。学一些鸾凤这样精致的绣花技艺,并没有太大的实用性。不但容易用坏眼睛,而且一直坐在那里时间久了会造成众多疾病。

妇女妆束,清修雅淡,只在贤德,不在打扮。不良之妇,穿金戴银,不如贤女,荆钗布裙①。

【注释】①荆钗布裙:荆枝作钗,粗布为裙。形容妇女装束朴素。

【译文】女子的打扮、装饰,应尽量以清淡、素净雅致为宜。应该时刻注重培养自己的内在德行,而不是把心思放在妆容打扮上。不贤良的女子,穿金戴银生活奢侈,还不如贤良的女子荆枝作钗粗布为裙的朴素生活。

剩饭残茶,都要爱惜,看那穷汉,糠土也吃。一米一丝,贫人汗血,舍是阴骘①,费是作孽。

【注释】①阴骘:这里指阴德。

【译文】即使是剩余的饭菜、茶水,也要懂得爱惜,看看那可怜的贫穷人家,连糠土也要吃的。一粒米一根丝,都是靠贫苦人的血汗而得来。施舍是积阴德，浪费便是自己给自己制造灾难。

笑休高声，说要低语，下气①小心，才是妇女。偷眼瞧人，偷声低唱，又惹是非，又不贵相。古分内外，礼别男女，不避嫌疑，招人言语。

【注释】①下气：谓态度恭顺，平心静气。

【译文】笑的时候切莫大声，说话要轻声细语。态度恭顺、谨慎小心，是女子应有的言谈举止。偷偷地窥看他人，偷偷地小声低唱，这样既会给自己惹是非，有非贵人之相。古来便有内外之分，礼义讲究男女之别，身为女子如果不知道避开这些嫌疑，便会招致别人的闲言碎语。

孝顺公婆，比如爷娘，随他宽窄①，不要怨伤。尊长叫人，接声就叫，若叫不应，自家先到。长者当让，尊者当敬，任他难为，只休使性。

【注释】①宽窄：面积、范围大小的程度。这里借指公婆对自己的态度。

【译文】孝顺、奉养公婆，要像孝顺、奉养自己的父母那样，无论公婆对自己怎样，都不要有所抱怨，也不要感到哀伤。长辈如果叫某人的话，自己应该立刻便帮他叫，如果没有应答的话，自己便应立刻到长辈前听候吩咐。年龄大的人理应礼让他们，有德行的人理应礼敬他们，即使他们怎样难为自己，都不要任性胡来。

事无大小，休自主张，公婆禀问，夫主商量。夫是你天，不可欺心①，天若塌了，那里安身。也休要强，也休撒暴，惧内凌夫，世人两笑。

【注释】①欺心：这里指起坏心思。

【译文】不管事情大小，自己都不要自作主张，要向公婆禀明询问，和自己的丈夫讨论商量。丈夫就像是自己的天，千万不能生起坏的念头。天若是塌了，自己哪里还有安身之地呢？身为女子不要过于刚强，争强好胜，也不要蛮横无理，丈夫若是惧怕妻子，妻子欺凌丈夫，这样两人都会让世人讥笑。

夫不成人①，劝救须早，万语千言，要他学好。相敬如宾，相成②如友，媟狎③谑戏④，夫妇之丑。

【注释】①成人：这里指具备修养德行。②相成：互相补充，互相成全。③媟狎（卸侠）：狎昵；不庄重。④谑戏：调笑戏弄。

【译文】丈夫若是没有修养德行，规劝挽救要趁早，千言万语不停地规劝，一定要让他培养德行。夫妻之间应当像对待客人那样互相尊敬，像朋友之间那样互相成全。狎昵、不庄重的行为，以及调笑戏弄，这些事夫妻之间应该以之为耻的。

久不生长①，劝夫取妾，妾若生子，你也不绝。家中有妾，快休嚷闹，邻家听的，只把你笑。越争越生，越嚷越恼，不如贤慧，都见你好。

【注释】①生长：生育。

【译文】如果婚后许久都不能生育后代，就及时奉劝丈夫纳妾。妾如果生了孩子，你也不算是没有后代了。丈夫假如纳了妾，作为妻子千万不可吵闹。若让邻居家听见吵闹声，只会把自己嘲笑。自己越是喜欢争抢越会与别人生分，越是喜欢吵嚷越会惹人恼怒，不如自己善良温顺、通情达理，大家看见你都夸赞你好。

夫若不平，妾若不顺，你做好人，自有公论。大伯小叔，小姑姒娌<sup>①</sup>，你不让他，那个让你。骂尽他骂，说尽他说，我不还他，他也脸热。

【注释】①姒娌：兄弟的妻子的合称。

【译文】丈夫如果不能公平待你，仆妾如果对你不恭顺，你只需要做好本分做个好人就行了，世人自会公论在心。大伯、小叔、小姑、姒娌这些家人，如果自己不先谦让他们，那谁又会谦让你呢？如若他们骂自己就随他骂，说自己不好就随他说，自己不还口，事情过去之后他也会感到惭愧。

百年相处，终日相见，千忍万忍，休失体面<sup>①</sup>。既是一家，休要两心，外合里差<sup>②</sup>，坏了自身。

【注释】①体面：体统；身份。②外合里差：比喻口是心非。

【译文】自己要和这些家人相处一生，天天都会低头不见抬头见。要千万叮嘱自己一再忍耐，不要在家人面前失了体面。作为一家人，就要齐心协力一心为家，不要存有异心。若口是心非存有异心，只会毁坏了自身的名誉。

母家夫前，休学语言，讲不清白，落个不贤。让的小人，才是君子，一般见识，有甚彼此。

【译文】不管是在自己的娘家，还是在丈夫面前，都不要说长道短谈论是非，如果说得不清楚、不明白，只会让自己落得个不贤良的名声。对待小人也会谦让恭敬，这才是君子所为。若和那些小人事事都一般计较，那样一来，你和他们又有什么区别呢？

休要搬舌，休要翻嘴，招对<sup>①</sup>出来，又羞又悔。邪书休看，邪话休听，邪人休见，邪地休行。

【注释】①招对：对证；对质。
【译文】不要在人面前搬弄是非，更不要添油加醋，无中生有。如果别人对证出来，只会让自己感到羞愧、后悔。内容不正有悖常理的书别看，违背伦常奸邪不正话别听。心术不正的人别见，斗闹场等邪恶之地不要靠近。

宁好明求，休要暗起，一遍发觉，百遍是你。也休心粗，也怕手慢，不痒不疼，忙时没干。

【译文】需求物品时宁愿明着去请求别人，不要暗地里私下去偷取，只要被人发觉一次，以后次次都会给自己招惹嫌疑。平时做事要细心，不要粗心大意，但也不要因此慢吞吞的，好像事不关己，不痒不疼的，以至于忙碌时没有时间去做。

看养婴儿，切戒饱暖，些须过失，就要束（叶音所）管。水火剪刀，高下跌磕，生冷果肉，小儿毒药。

【译文】看管养育婴孩，一定不要让他们过饱过暖；即使是一点点小的过失，也要严加管束、教育。水、火、剪刀、高地、低谷、跌磕碰撞，以及生冷的果肉，对于小儿来讲都是毒药。

49

邻里亲戚，都要和气，情性温热，财物周济。也要仔细，也要宽大，作事刻薄，须防祸害。

【译文】不管是邻居还是亲戚，对待他们一定要和和气气，性情温和、热情。当他们生计困难时，一定要及时给予财物周济。为人处事不仅要谨慎、仔细，还要宽宏有肚量，做事如果过于刻薄，那灾祸一定离你不远了。

只夸人长，休说人短，人向你说，只听休管。手下之人，劳苦饥寒，知他念他，凡事从宽。

【译文】只夸赞别人的长处优点，切莫议论别人的缺陷，他人若是诉说别人的短处或是非，自己只管倾听，不要轻易评价，更不要插手去管。家里的下人他们大多都是劳苦饥寒人家，要知晓他们的不易，常常感念他们，不管什么事情都以宽容为原则。

三婆（师婆、媒婆、卖婆）二妇（娼妇、唱妇），休教入门，倡扬是非，惑乱人心。房中说话，常要小心，傍人听去，惹笑生嗔。

【译文】师婆、媒婆、卖婆、娼妇、唱妇，这样的人不要让她们进自己的家门，这些人只会搬弄是非，迷惑、扰乱人心。即使是在房中讲话，也要时刻谨慎小心，一旦别人听了传扬出去，只会惹得别人讥笑，弄得自己生气恼怒。

门户常关，箱柜常锁，日日紧要，防盗防火。多积阴骘，少积钱财, 儿孙若好, 钱去还来。

**【译文】**屋门窗户要常常紧关, 箱子和柜子这类东西要时刻紧锁, 每日都要谨慎小心, 时刻提防盗贼和火灾。平日要多积阴德少积钱财, 儿孙后代只要成人有出息, 钱财散去了还会再挣来。

安分知足, 休生暴怨, 天不周全, 地有缺欠。任从受气, 留着本身, 自家寻死, 好了别人。

**【译文】**要安于本分知道满足, 不要时时抱怨不知满足。天还有不周全完备的地方, 地也还有缺陷呢。不管在哪里受了什么委屈, 也要保重身体; 如果因此自寻短见, 对自己来说没有私毫益处, 只会便宜了别人。

三从四德①, 妇人常守, 犯了五出②, 不出也丑(无子、有恶疾, 皆非其罪)。妇人好处, 温柔方正, 勤俭孝慈, 老成庄重。妇人歪处, 轻浅风流, 性凶心狠, 又懒又丢。贤妻孝妇, 万古传名, 不贤不孝, 枉活一生。

**【注释】**①三从四德: 古代妇女必须遵守的三种道德规范与应有的四种德行。三从: 未嫁从父, 既嫁从夫, 夫死从子。四德: 妇德、妇言、妇容、妇功。②五出: 古代男子有七种情况可以休妻: 无子、淫佚、不事舅姑、口舌、盗窃、妒忌、恶疾, 为七出。因无子与恶疾非人为之过, 排除在外, 故为"五出"。出, 休退。

**【译文】**三从四德这些德行规范, 身为女子一定要懂得遵守, 触犯了五出中的禁忌, 即使没被休弃也会令自己羞耻。贤良的女子应该是性情柔和温顺，行为正直不阿，懂得勤劳节俭孝敬慈爱，言行举止稳重不轻浮。不贤良的女子，她们轻薄肤浅、花哨轻浮，性情凶恶心地狠辣，懒惰无比且丢三落四。贤良的妻子，孝顺的媳妇，声名会传扬万里。为人妻为人妇，既不贤又不孝，真是愧为人枉活一生。

# 杂 言

买马不为鞍镫，娶妻却争陪赠。

【译文】买马不会计较所带马鞍马镫的好坏，娶妻时却会计较陪赠嫁妆的多少。

妇人好吃好坐，男子忍寒受饿。妇人口大舌长，男子家败身亡。

【译文】妇人好吃懒做，会让自己的丈夫忍寒挨饿。妇人喜好夸口搬弄是非，只会让自己的丈夫破家亡身。

打骂休得烦恼，受些气儿灾少。谁好（去声）与我斗气，是我不可人意。

【译文】受父母公婆打骂不要产生恼怒怨恨，自己忍受一些欺侮会给自己消除一些灾难。谁如果喜好和自己赌气找麻烦，定是我做得还有让人不满意的地方。

妇人声满四邻，不恶也是凶神。

【译文】作为女子经常大声讲话,声扰四周邻居,即使本性不恶也会让人误以为是凶恶之人。

美女出头,丈夫该愁。

【译文】貌美的妻子要出人头地,那么作为丈夫就该感到忧愁了(这样的妻子必定会给自己的丈夫惹来杀身之祸)。

孤儿寡妇,只要劲做。

【译文】孤儿寡妇,只要自己能勤劳、努力,必能生存(能够自立维持生计)。

絮聒<sup>①</sup>(多言)老婆琐(烦琐)性子<sup>②</sup>,一件事儿重个(平声)死。

【注释】①絮聒:也作"聒絮"。唠叨不停。②琐性子:性格琐碎。
【译文】喜欢唠叨不停的妇人性格琐碎,一件小事也会絮叨个没完没了,惹人厌烦。

好听偷瞧,自家寻气。装哑推聋,倒得便益。

【译文】喜好听闲话、喜好偷看别人隐私,只是自己在寻烦恼。凡事装作一无所知,反倒会得到很多便利。

仆隶没贤德的主儿(护短之故)。娘家没不是的女儿(溺爱之故）。

【译文】仆隶下属因为要为自己的过失辩解，所以在他们的眼里没有贤德的主人；因为父母总是溺爱孩子的缘故，所以没有人认为自己的女儿有不是。

新来媳妇难得好，耐心调教休烦恼。

【译文】新娶进门的媳妇总会有不让你称心的地方，要耐心教导不要感到烦恼，更不要轻易发怒。

只怨自家有不是，休怨公婆难服侍。

【译文】我们凡事只应从自己身上找过失，不要埋怨公婆不好服侍。

公婆夫婿掌生死，心高气傲那里使。

【译文】公公婆婆丈夫掌握着自己的命运，我们心高气傲又有什么用呢？

家教宽中有严，家人一世安然。

【译文】家庭礼法应该宽中有严，这样家人必将会一生相安无事。

人有廉耻好化①，面色甚似打骂。

【注释】①好化：容易教化。

【译文】人因有廉耻之心，所以容易教化，就算只是给他脸色瞧，也像是在打骂他一样。

妇人败坏说夫婿，开口没你是处。

【译文】做妻子的在外人面前说自己丈夫的不是，只要一开口就已经错了。

大妇爱小妻，贤名天下知；继母爱前男，贤名天下传。

【译文】作为正妻能够和爱小妾，自己的贤名会让天下人称颂；身为继母能够疼爱丈夫前妻的儿子，那你的贤名会让天下人都赞扬的。

吕近溪《女小儿语》

# 吕新吾《闺范》（有序）

先王重阴教<sup>①</sup>，故妇人有女师<sup>②</sup>，讲明古语，称引昔贤。令之谨守三从，克尊四德，以为夫子之光，不贻父母之辱。自世教<sup>③</sup>衰，而闺门中人，竟异<sup>④</sup>之礼法之外矣。生闾阎<sup>④</sup>内，惯听鄙俚<sup>⑤</sup>之言；在富贵家，恣长骄奢之性。首满金珠，体遍縠罗<sup>⑥</sup>，态学轻浮，语习儇巧<sup>⑦</sup>，而口无良言，身无善行。舅姑姊娌，不传贤孝之名，乡党亲戚，但闻顽悍<sup>⑧</sup>之恶，则不教之故。乃高之者，弄柔翰<sup>⑨</sup>，逞骚才，以夸浮士，卑之者，拨俗弦，歌艳语，近于倡家<sup>⑩</sup>，则邪教之流也。闺门万化之原。审如是，内治何以修哉？女训诸书，昔人备矣，然多者难悉，晦者难明，杂者无所别白，淡无味者，不能令人感惕。闺人无所持循<sup>⑪</sup>，以为诵习。余读而病之，乃拟《列女传》，辑先哲嘉言，诸贤善行，绘之图像。其奇文奥义，则间为音释。又于每类之前，各题大指，每传之后，各赞数言，以示激劝。嗟夫！孝贤贞烈，根于天性。彼流芳百世之人，未必读书，而诵习流芳百世者，乃不取法其万一焉，良可愧矣。予因序前贤以警后学云。

宁陵吕坤书

**【注释】**①阴教：女子的教化。语本《周礼·天官·内宰》："以阴礼教六官，以阴礼教九嫔。"②女师：古代掌管教养贵族女子的女教师。③世教：指当世的正统思想、正统礼教。④闾阎：里巷内外的门；里巷。闾，泛指门户；人家。中国古代以二十五家为闾。阎，指里巷的门。⑤鄙俚：粗野；庸俗。⑥縠罗：轻软的丝织品。⑦儇巧：邪黠刁巧。⑧顽悍：蛮横强悍。⑨柔翰：毛笔。⑩倡家：古代指从事音乐歌舞的乐人，俗称歌妓或舞妓。⑪持循：犹遵循。

【译文】古圣先王重视对女子的教化，女子幼年由女师讲授古圣先贤的训导，借鉴历代贤女为楷模。使令女子谨慎地遵守"三从四德"的规范。以相夫教子为自己的荣光，不令娘家父母蒙受"教女无方"的羞辱。世风日下，女教衰危。闺阁中的女子竟然被摒弃在教育之外，贫民女子，从小耳濡目染粗言鄙语。富贵家女子，从小任性妄为，纵容骄奢的性情滋长。头戴金银宝珠，身穿绫罗绸缎，模仿轻浮姿态，语言邪黠习巧，说不出好话，做不出善行。从舅姑姒娌那里，不能传出她贤慧孝顺的名声，从邻里乡党和亲戚那里，听到的都是她凶顽强悍的恶名。这都是她们从小没有接受女教的缘故。天赋稍高的女子舞文弄墨，在世人面前作些既无志气又无正理的歪文，卖弄风骚的才气，以博取虚浮人士的喝彩。天赋差的女子，拨弄琴弦，唱些庸俗不堪、煽情的词曲，炫卖女色近似娼家，这些失当的现象是偏邪教育的产物。对女孩子的教育是所有教化的根源。可见，女性教育何等重要，怎样才是落实女子教育正确的方法呢？有关训导女子的各种典籍，前人已经写得很完备了，但是大多都很难能够被现在的人所了解，更有一些晦涩的难以理解，良莠充斥其间不能被人们分辨明白，有些词文索然无味，不能令人读后醒悟惕行。闺中的女子没有用来遵循的典范，不能够用以常常诵读研习。我读了那些书后感觉应加以修正，所以仿照《列女传》一书，其中辑录了一些先哲的嘉言，以及古圣先贤的善行，并且绘制了相应的图像。其中若有生疏的文字以及深刻义理的，则注上相应的读音和注释。又在各类故事的前面，书写其中的宗旨大意，并在每一传的后面，都写了一定的赞颂语，以激励劝导天下女子。

哎！原本女性中的孝、贤、贞、烈这四个方面品格，根源于天性。那些美名流传千古的妇女，未必读过很多的书，而读诵学习了这些赞颂妇女美德文章的人，如果不能效法她们一丝一毫，实在应该非常惭愧啊。我于是才写下这篇序言，用以警戒后学的人啊！

宁陵吕坤书

谨按：吕新吾先生，凡有著述，悉有功于世道人心，予录之以为世劝者屡矣。《闺范》一编，前列嘉言，后载善行，复绘之为图，系之以赞，无非欲儿女子见之，喜于观览，转相论说，因事垂训，实具苦心。当时士林，乐诵其书，摹印不下数万本，直至流布宫禁①。其中由感生愧，由愧生奋，巾帼②之内，相与劝于善，而远于不善者，盖不知凡几也。今限于卷帙，不复绘图，择其言之尤切，行之尤显者，录为一卷。虽于原编，仅十之三四，而子道、妇道、母道，胥③备焉。所载懿行，可以动天地，泣鬼神，至今读之，凛凛犹有生气。诚哉！地维赖以立，天柱赖以尊，孰谓女德为无关轻重哉。

【注释】①宫禁：帝王和王后居住的地方。②巾帼：指古代妇女的头巾和发饰，借指妇女。③胥：全，都。

【译文】谨按：但凡吕新吾先生撰写、编著的文章，都是有利于扭转世道人心的，我已经很多次辑录新吾先生的文章来劝诫世人了。《闺范》这一编，前面列举圣贤的嘉言，后面记载大量的善行，同时还绘有相应的图片，并且每传都有赞颂语，无非是想让孩子们看到后，能够喜欢阅览，进而相互讨论言说，遵循书中的事例行事，起到垂示教训的作用，真是颇具苦心啊！当时的文人士大夫，很喜欢诵读他的书，重新印行的数量超过数万本，甚至在宫廷中也有流传。由此让人有所感而心生惭愧，由惭愧之心而生振奋心。在女子之间，她们由此相互规劝，多做善行而远离不善，这样的人不知道有多少呢！这里因为篇幅的限制，不再绘制原书中的图片，选择其中最切要的言语，善行尤其显著的，辑录为一卷。虽然和原来的书相比，仅仅只有其中的十分之三四，但是其中有关子道、妇道、母道的内容都已经全备了。其中所记载的懿行，可以使天地感动，使鬼神为之感泣，真是感人至深。到现在读起来，依然觉得很是让人感到畏惧。确实啊！大地因为有所维系才能够安立，上天因为有所支撑才显得尊崇，谁说女德对于人们就无关乎轻重呢？

## 嘉 言

《列女传》曰："古者妇人妊（音认，身怀孕也）子，寝不侧，坐不边偏也，立不跸（音秘，一足歇），不食邪味，割不正不食，席不正（四正四隅皆正也）不坐，目不视邪色，耳不听淫声，夜则令瞽①诵诗，道正事。如此，则生子形容端正，才德过人矣。"

【注释】①瞽：这里指古代乐师。

【译文】《列女传》中记载："古时候，妇女怀了身孕睡觉时不会侧着身子，座席时不靠边，不用一只脚站立，不吃有异味的东西。食物切得不正不会吃，席子放得不正不会坐，眼睛不看邪僻的色彩，耳朵不听浮靡颓废的声音。夜晚请乐师诵读《诗经》，谈论一些对于正心诚意有益的事情。这样，生下的孩子必定是相貌端庄，才智和品德都出类拔萃。"

孔子曰："妇人，伏①于人也。是故无专制之义，有三从之道，无所敢自遂②也。教令不出闺门，事在馈（音仙馈，饷也）食③之间而已矣。"是故女及日<sup>④</sup>（犹言终日）乎闺门之内，不百里而奔丧。（有三年之丧，则越境。）事无擅为，行无独成。参（谋于人）知<sup>⑤</sup>而后动，可验（有证据）而后言。昼不游庭，夜行以火。所以正妇德也。

**【注释】**①伏：屈，服从。②自遂：自专，自作主张。③馈食：祭祀鬼神，以牲、黍稷为祭品进献。④及日：终日。⑤参知：禀告使知道。

**【译文】**孔子道："妇乃伏也，与生俱来的心理状态是比较依赖人。因此，聪明的女性会善于服从人，没有专制的心态，遵守三从的礼教，不敢擅自作主张，只在闺门内教导子女或仆人，执掌祭祀及一家人的衣食之事。"因此女子终日不出家门，不越出百里去奔丧（除非三年丧期满可以越境）。遇事不擅自处理，外出不要单独成行，凡事禀明家主后再做，对事物的判断有了充分的证据后才发表意见，白天不要在庭院里乱逛、游玩，晚间行走一定要举灯火。这些规矩都是为了要培育一位女子的贤德。

女有五不取<sup>①</sup>。逆<sup>②</sup>家（不忠不孝）子不取；乱<sup>③</sup>家（内外淫嬻）子不取；世有刑人<sup>④</sup>（弃于官法）不取；世有恶疾（天疮癫风，体气之种）不取；丧去声父长子<sup>⑤</sup>（无家教）不取。

**【注释】**①取：同"娶"。②逆：叛逆。③乱：乱伦。④刑人：犯法的人。⑤长子：长女。

**【译文】**下列五种女子建议不娶：一，不忠不孝人家的女子不娶；二，坏乱家规，门风不正人家的女子不娶；三，先代有人犯法，不顺官法人家的女子不娶；四，先代有恶疾等遗传病的，不娶；五，丧父长女，无家教，不娶。

妇有七去<sup>①</sup>上声：不顺父母去，无子去，淫去，妒去，有恶疾去，多言去，窃盗去。

【注释】①去：休弃，离婚并令其回家。

【译文】妇人有下列行为之一的应该休弃：不孝顺公婆的应该休弃，不能生育后代的应该休弃，有淫乱行为的应该休弃，有嫉妒心的应该休弃，有恶疾的应该休弃，喜欢搬弄是非的应该休弃，有偷盗行为的应该休弃。

有三不去：有所取（娶时父兄在），无所归（而今父兄不在），不去；与更<sup>①</sup>三年丧，不去；先贫贱，后富贵，不去。

【注释】①更：经过，守。

【译文】妇人有下列三种情况之一的，丈夫不能随意休弃：娶进门后，娘家已经没有亲人的，不应休弃；和丈夫一起守过公婆三年之丧的，不应休弃；结婚时丈夫贫贱，与丈夫共患难，然后家道富贵的，不应休弃。

士昏礼曰："父醮<sup>①</sup>（焦去声，戒命之酒）子，命之曰：'往迎尔相<sup>②</sup>（妻相夫），承我宗事（嗣先祖）。勖<sup>③</sup>（音旭，勉也）帅以敬，先妣之嗣（共祭祀），若（汝也）则有常。'子曰：'诺。唯恐弗堪（勖勉），不敢忘命。'"父送女，命之曰："戒之，（无非为）；敬之（勉善行），夙夜无违命（舅姑夫子之令）。"母施衿<sup>④</sup>（音琴，小带）结帨<sup>⑤</sup>，曰："勉之，敬之，夙夜无违宫事（闺门之事）。"庶母及门内施鞶<sup>⑥</sup>，申之以父母之命，命之曰："敬恭（言敬又言恭，恐其忽忘也）听尔父母之言，夙夜无愆（过也），视诸衿鞶。"（视衿鞶，则思父母之命矣。衿鞶二带，欲其重重收敛，悦欲其日日清洁。真西山曰："夫之道，在敬身以帅其妇；妇之道，在敬身以承其夫。孰谓闺门为放肆之地，夫妇为亵狎之人哉？"）

**【注释】**①醮：音教。古代婚娶时用酒祭神的礼。②尔相：指新妇。相者助义。称妇为相，乃言妇为夫之助。③勖：音序。古同勉。④衿：音今。古代服装下连到前襟的衣领。⑤帨：音税。佩巾。⑥鞶：音盘。古人佩玉的皮带。

**【译文】**《士婚礼》记载："做父亲的在祭祀中，当命将成婚的儿子向祖先敬酒，告诉他说：'去吧，迎接你的内助，引领她来家继承我家宗庙之事。你要率先做到恭敬身心，带好你的妻子，勉励自己成为她的表率，继承先祖的传统，你才有安稳的家业和事业。'儿子回应："是，唯恐自己无法担当重任，不敢忘记父亲的教导。'" 做父亲的送女儿出嫁，当告诫她说："戒除所有陋习，恭敬婆家的人，勉励行善，随时随地都不要违背公婆、夫君的教令。" 母亲为女儿束好衣带，结上佩巾，嘱咐道："你要自勉，恭敬谨慎，时时都不要背离闺门的礼仪。"庶母出门前给女儿佩戴腰带，重申父母亲的教令，叮咛道："到婆家后一定要恭恭敬敬做人，记住父母的话，不要有片刻的疏忽大意，经常看看自己颈上的佩巾和腰上玉带！"看到佩巾和玉带，便能想到父母亲的教诲。整理衣领，戴上玉带，意味着不断检点自己的言行，佩巾日日清洁，意味着重重收敛不正当的想法。真西山道："丈夫之道，在于整肃言行，恭敬家人，做妻子的表率。妇人之道，在于整肃言行，恭敬家人，顺承支持丈夫。谁说闺房是可以放肆的地方，夫妻之间可以随意亲近而不庄重呢？"

文中子（王通）曰："婚娶而论财，夷虏①之道也，君子不入其乡。古者男女之族，各择德焉，不以财为礼。早婚少聘，教人以偷（真性早凿，情欲早肆）；妾媵②（音映）无数，教人以乱。且贵贱有等，一夫一妇，庶人之职也。"

【注释】①夷虏：中国古代对外族的称呼。②妾媵：侍妾。媵，古代嫁女时随嫁或陪嫁的女人。

【译文】文中子说："以财富的多少来论婚姻嫁娶，那是蛮夷外族的做法，君子不会到这样的地方去。古时候男女之间的婚嫁，各自选择德行高尚的人为对象，而不以财富的多少来决定婚嫁礼节。如果早早结婚且又不经媒人聘娶，这是教人去偷盗啊（天性过早受到凿损，使其早早放纵情欲，任意行事）；有的人侍妾无数，这是教人淫乱啊。何况人有贵贱等级之分，一夫一妇，是平常人的本分啊。"

匡衡曰："匹配之际，生民之始，万福之原。"婚姻之礼正，然后，品物遂①而天命全。孔子论《诗》，以《关雎》为首，言太上②者民之父母，后夫人之行，不侔（似也）乎天地，则无以奉（九庙）神灵之统，而理（九宫）万物之宜。故诗曰："窈窕淑女，君子好逑③。"言能致（极也）其贞淑，不贰其操（节操始终如一）。情欲之感，无介乎容仪，宴私④之意，不形⑤于动静，然后可以配至尊（天子），而为宗庙主。此纲纪之首，王教之端也。

【注释】①遂：成也。②太上：指居尊上之位。③逑：配偶。④宴私：亲昵；昵爱。⑤形：表现。

【译文】匡衡说："选择配偶的事情，是人生开端，是一切幸福的根本。"婚姻的大礼确定之后，才可以成就万物，并保全天命。孔子论述《诗经》把《关雎》篇作为开端，说高居于尊位的皇帝，是百姓的父母，其皇后的品行不能与天地相匹配，就无法敬奉神灵的管治，无法胜任调理万物的事宜。《诗经·周南·关雎》篇说："娴静、品行端庄的淑女，才是君子追求的好配偶。"讲的就是只有能够保持贞洁、端庄的品行，没有三心二意的行为，仪容中没有情欲之分显现，言谈举止中没有亲昵之情的表露，只有这样才能配得上天子，才能主持祭祀宗庙。这是社会秩序和国家法纪的首要之点，也是圣王教化的开端。

吴虞翻与其弟书曰："长子容（任名）当为求妇。远求小姓，足使生子。天福其人，不在贵族。芝草①无根，醴泉②无源。"

【注释】①芝草：菌属。古以为瑞草，服之能成仙。治愈万症，其功能应验，灵通神效，故名灵芝，又名"不死药"，俗称"灵芝草"。②醴泉：亦名甘泉。泉水略有淡酒味。

【译文】吴虞翻给弟弟写信道："您的大儿子容应当考虑为他娶妻了。不妨去偏远的地方求娶平常人家的女子吧，如此亦足以生养子女，继承家业了。上天降福于人，不择其人是贵族否。好比名贵的灵芝草容易被人连根挖掉，甘美的泉水往往被人过度取用，源头很快会枯竭。"

柳开①仲涂曰："皇考（父也）治（平声）家孝且严。旦望②，诸妇等拜堂下毕，即上手（低手）低面（低头），听我皇考训诫曰：'人家兄弟，无不义者，尽因娶妇入门，异姓相聚，争长竞短，渐渍日闻，偏爱私藏，以致背戾，分门割户，患若贼仇，皆汝妇人所作。男子刚肠者几人，能不为妇言所惑，吾见罕矣，若等宁有是耶？'退（诸妇）则惴惴（恐惧），不敢出一语，为不孝事。开辈抵此，赖之得全其家云。"

【注释】①柳开：北宋散文家。原名肩愈，字绍先（一作绍元），号东郊野夫；后改名开，字仲涂，号补亡先生，大名（今属河北）人。提倡韩愈、柳宗元的散文，以复兴古道、述作经典自命。反对宋初的华靡文风，为宋代古文运动倡导者。②旦望：农历每月的初一和十五。

【译文】柳开仲涂说："先父治理家庭时要求大家要孝顺且家法极其严格。农历每月的初一和十五，家里所有的妇人必须上大堂行礼祭拜祖先，然后低头聆听先父的训诫：'一般家庭，兄弟之间本来是没有不讲义气的，都是因为娶了媳妇进门，异姓相聚一起，相互之间互相计较细小出入，争竞谁上谁下，这样每日浸染，对人、物偏憎偏爱，私自藏一些财物，以至于相互之间产生矛盾，进而到了割裂分家的地步，兄弟之间像是看到仇家一般，这些都是因为娶进门的妇人所做。男子有刚直气质的有几个，能不被自己妻子的语言所迷惑的，我还没有见到过。你们中又有几个人不是这样呢？'家里的妇人退下后都感到畏惧不已，都不敢说一句邪语，不敢做一件不孝的事情。我们这一辈人都遵循这些行事，这正是我们家赖以保全的原因。"

愚尝谓妇人有五认得，认得丈夫是自家丈夫，子女是自家子女，财帛是自家财帛，父母兄弟是自家父母兄弟，奴仆是自家奴仆，其夫家尊卑长幼，俱是路人。妯娌皆怀此心，家产安得不分？妇人日浸此言，兄弟安得无嫌？谚曰："兄弟一块肉，妇人是刀锥。"言任其剜割也。"兄弟一釜羹，妇人是盐梅。"言任其调和也，妇人可畏哉！大抵妇人轻利而寡言，恩多而怨少，庶几不作人家灾星祸鬼云。

【译文】我曾说，妇人一般都有五个"认得"：认得丈夫是自己的丈夫，子女是自己的子女，财物是自己的财物，父母兄弟是自己的父母兄弟，奴仆是自己的奴仆。但是对于丈夫家的其它人，一概认为是路人。妯娌之间相互都存着这样的想法，家产能有不分的吗？妻子每日给丈夫说这样的言语，兄弟之间能不产生嫌隙吗？俗话说："兄弟之间是一块肉，妇人就像是刀和锥（意思是说任妇人进行剜割）。""兄弟之间是一个釜中的羹，妇人就像是盐梅一样（意思是说任妇人进行调和）。"妇人真是令人畏惧啊！大概妇人如果能够看轻利益，做到少说话，多感恩别人而少一些怨仇，或许就不会做别人家里的灾星祸鬼了。

司马温公①曰："凡议婚姻，当先察婿与妇之性行，及家法何如，勿苟慕其富贵。婿苟贤矣，今虽贫贱，安知异时不富贵乎？苟为不肖，今虽富贵，安知异时不贫贱乎？妇者，家之所由盛衰也。苟慕一时之富贵而娶之，彼挟富贵，鲜有不轻其夫，而傲其舅姑者。养成骄妒之性，异日为患，庸有极乎？借使因妇财以致富，依妇势以取贵，苟有丈夫之志气，能无愧耶？" 又曰："女子六岁，始习女工②之小者。七岁诵《孝经》、《论语》。九岁讲解《孝经》、《论语》及《女诫》之类，略晓大义。今人或教女子以作歌诗，执俗乐，殊非所宜也。"

【注释】①司马温公：即司马光，字君实，号迂叟，陕州夏县（今山西省夏县）涑水乡人，世称涑水先生。北宋政治家、文学家、史学家。终年六十八岁，追赠太师、温国公，谥号"文正"。②女工：亦作"女功"、"女红"。旧时指妇女所做的纺织、刺绣、缝纫等工作和这些工作的成品。

【译文】温国公司马光先生说："大凡两家商议婚姻，应当先观察女婿和女子的性情，品行是否相副，以及各家的规矩如何。不要一味地追求富贵人家。如果女婿真的很贤良，虽然现在显得贫穷，身份低贱，谁知将来不会发达富贵呢？如果为人品行不端，现在虽然很富贵，谁知会不会将来落魄贫贱呢？娶什么样的妇人，关系到整个家族的兴盛或衰败。如果只图眼前一时的富贵娶进门，仗着娘家的富贵，很少有妇人不轻视自己的丈夫，对公婆傲慢无礼的，进而养成骄慢、好嫉妒的性情，将来给家人带来的祸患又哪里有穷尽呢？假使一个男子要靠妻子的钱财来致富，依附妻子的势力取得权贵，哪还有什么大丈夫的气概与志向，怎能不愧对己灵，及列祖列宗呢？"又说："女子六岁时，便要开始学习一些简单的女工；七岁时便要诵读《孝经》、《论语》；九岁时便得给她们讲解《孝经》、《论语》及《女诫》之类的经典，这样才能大略知晓夫妇之义。现在的人有的教女子作歌吟诗，学习一些世俗的乐曲，这是绝对不合时宜的。"

安定胡先生曰："嫁女必须胜吾家者。胜吾家，则女之事人，必钦必戒。娶妇，必须不若吾家者。不若吾家则妇事舅姑，必执妇道。"

【译文】安定胡先生说："女儿必须嫁各方面都胜过我家的人。男家胜过我家，那么女儿嫁过去后，服侍公婆等必然会恭敬承事，戒除不良习气。儿子必须娶各方面都不如我家的女子。不如我家的媳妇，会尽心尽力地服侍公婆，必定会坚守妇道的礼仪和规矩。"

《颜氏家训》曰："妇主中馈①，唯事酒食（音四）衣服之礼耳。国不可使预政，家不可使干（经营）蛊（音古，坏也）。如有聪明才智，识达古今，正当辅佐君子，劝其不足。必无牝鸡晨鸣②以致祸也。""兄弟者，分形连气之人也。方其幼也，父母左提右挈，前襟后裾，食则同案，衣则传服，学则业，游则共方。虽有悖乱之人，不能不相爱也。及其壮也，各妻其妻，各子其子，虽有笃厚之人，不能不少衰也，娣（弟妻）姒（兄嫂）③之比兄弟，则疏薄矣。今使疏薄之人，而节（裁限）量（计较）亲厚之恩，犹方底而圆盖，必不合矣。唯友悌深至，不为傍人之所移者免夫。"

【注释】①中馈：指家中供膳诸事。②牝鸡晨鸣：母鸡早上打鸣报晓。旧时比喻妇女窃权乱政。③娣姒：音帝寺。妯娌。兄妻为姒，弟妻为娣。

【译文】《颜氏家训》中写道："妇女主持家中事务，不过是操办有关家人的衣食住行罢了。切不可令妇人干预国政，即使家政也不可使之主持，以致本来完好的家庭分崩离析。如果妇人真有聪明才智，见识通达古今历史，正好可以以此辅佐自己的丈夫，以弥补他品德上的不足，决不会学母鸡在清晨打鸣，以招致灾祸的。""兄弟，那是一母所生，虽形体各异但却气息相通的人。兄弟在幼年时，父母左提右抱，兄弟前后拉着父母的衣角，同在一张桌上吃饭，衣服经常由老大传至老么，手拉手到学堂学习，一起游历四方。虽然兄弟中也有品行违背道德，喜好作乱的人，但朝夕相处，不能不相亲相爱。等到兄弟成年，各自成家，各有妻子，各有儿女，即使是非常忠实旧情的人，也不免少了一些兄弟的情分。娣姒之间的感情更比不上兄弟，显得疏离淡薄。兄弟成年后，若以娣姒间的疏薄之情，来度量兄弟间的亲密情感，深厚的恩德，好比一个方底的器皿上配一个圆形的盖子，肯定不能合得来。只有兄弟间的友情至深，才不容易被身边的人所动摇，不然很难避免遭到被疏离的结果。"

《李氏女戒》曰："贫者安其贫，富者戒其富。"又云："弃和柔之色，作娇小之容，是为轻薄之妇人。藏心为情，出口为语。言语者，荣辱之枢机，亲疏之大节也。亦能离坚合异，结怨兴仇，大则覆国亡家，小则六亲离散。是以贤女谨口，恐招耻谤，或在尊前，或居闲处，未尝触应答之语（他人话，傍边接声），发诌谀之言，不出无稽之词，不为调戏之事，不涉秽浊，不处嫌疑。"

【译文】《李氏女戒》中写道："贫穷的妇人应知足常乐,安贫守妇道,富贵的妇人要戒除富贵骄慢的习气,素位而行。" 另写道:"若放弃温和的容色,柔顺的态度,却作出娇媚的容色,小儿的嬉戏,这是轻薄妇人才会有的行为。隐藏在每个人的心中的,是人的思想情感,从口中说出来就成了语言。语言,是关系到自己未来的荣誉和耻辱的关键,也是影响到人与人之间的关系是越来越亲近还是越来越疏远的大事。既能让原来稳固的感情疏离,也能使原来疏远的关系变得亲密;既能够与人结怨,也能够在人心中埋下仇恨的种子,酿成祸端。重则导致国破家亡,轻则造成亲人反目,骨肉离散。因此,贤良的妇女开口说话非常谨慎,唯恐招致耻辱与毁谤。或在尊长前,或闲居家室,不在别人交谈时乱插话;不说谄媚、奉承的话;不说没有根据的话;不为戏谑玩笑之举;言行庄重,不涉污秽之事;不让自己身处在嫌疑之中。"

# 善　行

女子之道

妇<sup>①</sup>母仪<sup>②</sup>,始于女德,未有女无良而妇淑者也。故首女道。

【注释】①妇道:指妇女应遵守的道德规范。②母仪:指做母亲的仪范。

【译文】守妇道,遵母仪,皆从未婚女子的品德开始。从来没有过女孩子从小不守贞良,而婚后却能够突然变得贤淑的。所以,我们在这里首先从女子之道谈起。

孝女。女未适人,与子同道。孝子难,孝女为尤难。世俗女子在室，自处以客，而母亦客之，子道不修，母顾共衣食事之焉，养骄修态，易怨轻悲，亦未闻道矣。今录其可法者。

【译文】孝顺的女子。女子未出嫁前，与儿子同学孝道。然而做孝子难，作孝女更难。世俗人的女子在家中，常将自己看成终究要嫁出去的客人一般，而母亲待女儿在观念上也像客人。如果女子不修习孝道，做母亲的只懂得照顾女儿的衣食，从小养成女孩子骄宠任性，注重打扮，动不动就抱怨嗔怪，或喜或悲的脾性，这都是没有受到正确教育的结果。现将一些古人中值得效法的例子选录如下。

齐景公有爱槐，使衍守之，下令曰："犯槐者刑，伤槐者死。"于是衍醉而伤槐。景公怒，将杀之。女婧惧，乃造①晏子请曰："妾父衍，先犯君令，罪固当死。妾闻明君之治国也，不为畜伤人，不以草伤稼。今吾君以槐杀妾之父，孤妾之身，妾恐邻国闻之，谓君爱树而贱人也。"晏子惕然②。明日朝，谓景公曰："君极土木以匮民③，又杀无罪以滋虐，无乃殃国乎？"公曰："寡人敬受命矣。"即罢守槐之役，而赦伤槐者。

吕氏曰：势之尊，惟理能屈之，是故君子贵理直。伤槐女之言，岂独能救父死，君相能用其言也。齐国其大治乎！

【注释】①造：到，去，拜访。②惕然：惶恐，忧虑，警觉省悟的样子。③匮民：使百姓穷困。匮，缺乏。
【译文】齐景公有一棵心爱的槐树，差一个名叫衍的人去看管，并下令说："谁碰了这棵槐树，便对他用刑。谁若伤到了这棵槐树，便将他处死。" 不料有一天衍因为酒醉了，伤到了槐树。景公大怒，便要处死他。衍的女儿婧听到了非常害怕，慌忙跑到执行官晏子处为父亲求情说:"贫女的父亲衍,触犯了大王的命令,虽然罪当正法,按律固然应当被处死。不过,贫女听说贤明的君主治理国家,不会为了爱畜而伤人,也不会为了牧草而拔去庄稼。现在,我们的君主因为一棵槐树而杀贫女的父亲,贫女从此无依无靠。贫女恐怕这种做法伤及仁政,也损害作为明君的仁义之心。让邻国的人民听到,会说我们的君王居然爱树而轻贱人。"晏子听了很紧张,第二天上朝,对齐景公说:"国君您用土木工程这些事物来使人民匮乏,又杀害无罪的人更加滋长残暴,这不是在给国家制造灾殃吗?"齐景公说:"寡人恭敬地听受您的指教!"于是,废除了看守槐树的任务,赦免了伤槐人的罪。

吕坤评说:即使处在尊贵地位的人,也只有道理才能令人屈服。所以作为仁义君子,都以理为贵。单凭伤槐者之女的话,怎么能救得了自己的父亲使他免于死罪呢?只因为齐国的君主和臣相都能听进正直的谏言。可见齐国的治国大道是清明的。


女娟者,赵简子夫人也。初简子伐楚,与津吏期。简子至,津吏醉不能渡,简子欲杀之。娟对曰:"妾父闻主君来渡不测之水,祷祀<sup>①</sup>九江三淮之神,既祭饮福,不胜杯酌余沥,醉至此。妾愿以贱躯代父之死。"简子曰:"非女子之罪也。"娟曰:"妾父尚醉,恐其身不知痛,而心不知非也,愿醒而伏辜<sup>②</sup>焉。"简子释其父而弗诛。

**【注释】**①祷祀:为祈祷而祭祀。②伏辜:指服罪;承担罪责而死。

**【译文】**有一位女子名为娟,是赵简子的夫人。当初简子讨伐楚国,和渡口官吏约好了过河的时间。但当赵简子到达渡口时,渡口官吏却喝醉了酒而无法送他们过河,于是赵简子想杀掉渡口官吏。渡口官吏的女儿娟说道:"贫女的父亲听说主君您要过河,因为不了解水情,害怕出现风浪,惊动水神,便向九江三淮之神祈祷,祭祀完后便将福酒喝了，却不胜酒力，醉到如此程度。假如您要杀的话，那么就请杀我吧，我希望用我的身体来换取父亲的生命。"简子说："不是你这个女孩子的罪过。"娟回答道："贫女的父亲还在酒醉中，现在您杀他，他身体不知痛苦，内心不知犯了何罪，请您等他醒了再降罪吧！"简子便饶她父亲免于死罪。

齐太仓女者，汉太仓令淳于意之少女，名缇萦。公有女五人，无子。公有罪当刑，诏系长安。会逮，公骂曰："生女不生男，缓急非有益。"缇萦悲泣随之，至长安，上书曰："妾父为吏，齐中皆称廉平①。今坐法当刑，妾伤夫死者不可复生，刑者不可复属，虽欲改过自新，其道无由也。妾愿入身为官婢，以赎父罪，使得自新。"书奏，天子怜其意，乃除肉刑②。淳于公遂得免焉。

吕氏曰：生男未必有益。顾用情何如耳？若缇萦者，虽谓之有子可也。为人子者，可以愧矣。

【注释】①廉平：清廉公平。②肉刑：残害肉体的刑罚，古指墨、劓、刖、宫、大辟等。今泛指对受审者肉体上的处罚。

【译文】齐国太仓地区有一名女子，是汉朝时太仓县令淳于意的小女儿，名叫缇萦。淳于公有五个女儿，没有儿子。孝文皇帝时，淳于公被判有罪，需押解到长安受刑。在签字画押接受逮捕的那天，淳于公骂道："可怜我只有女儿没有儿子，无论平常还是急难时刻，都找不到个依靠。"缇萦感到悲伤，一路哭着陪父亲来到长安，并且上书给文帝："贫女的父亲为官清廉，待人平实，在齐国中原地区享此声名。现在违反了法规，被判受刑。贫女悲伤的是，死者无法复活，受刑很重的人也无法再恢复健康，虽然他们想改过自新，也没有机会了。贫女愿终身做官家的奴婢，来赎偿父亲的罪过，请给他一个改过自新的机会吧!"当状书上奏宫中,天子怜悯她的拳拳孝意,于是下诏书废除了肉刑。淳于公终于得以赦免。

吕氏说:生儿子未必有用,只看如何用心教导。如果有像缇萦这样的女儿,也算有儿子依靠了。缇萦被载入《列女传》中,名垂青史。让天下男儿们读了,可以好好惭愧一番。

曹娥者,上虞曹盱之女也。盱能抚剑长歌,婆娑①乐神。以汉建安二年五月五日,迎伍君(子胥),逆涛而上,为水所没,不得其尸。娥年十四,沿江号哭,十七昼夜不绝声,遂自投江以死。经五日,抱父尸出。县长度尚,改葬娥于江南道傍,为立碑焉。

吕氏曰:曹娥求父,十有七日,而孝念不衰。投江五日,而负尸以出,至诚所格,江神效灵,千古谈及,使人挥泪,江名曹娥,万古流芳矣。

【注释】①婆娑:盘旋舞动的样子。

【译文】曹娥是浙江上虞一带一位名为曹盱的女儿。曹盱擅长一边放声歌唱,一边挥剑起舞,盘旋舞动的身姿,就算天上的神仙看到也欢喜雀跃。汉建安二年五月五日,曹盱想与上游的伍子胥会合,坐船逆流而上,不幸被江水吞没,连尸体也没找着。曹娥当时年仅十四岁,她沿着江边号哭不已,连续十七昼夜哭喊不止,最后跳进江里寻父。经过五天后,人们发现了曹娥的尸体,抱着父亲的尸体一同浮出水面。当地的县长度尚,将曹娥改葬在江水南边的道路旁,为她刻碑立传。

吕氏评说道:曹娥寻找父亲十七日,孝念丝毫不减退。投江五日后,居然能抱着父亲的尸体浮出水面。这是她至诚的孝心感动了江神,不忍让她葬身鱼腹,因而显灵让她浮出啊。古史虽经千年,人们谈及她,依然感动地痛哭流涕。后来人们把那条江命名为曹娥江,她的孝行随之万古流芳。

卢氏，永嘉人。一日与母同行，遇虎将噬母。女以身当之，虎得女，母乃免。后有人见其跨虎而行，里人<sup>①</sup>建祠于永宁乡。宋理宗朝，封曰孝佑。

吕氏曰：世岂有不畏虎之人哉？况一胆怯女子，独当母前，惟恐虎不我噬焉，此何心哉？一情所笃，万念俱忘。虎何尝噬卢氏，天固假之以章孝应耳。

【注释】①里人：邻居、邑人之意。

【译文】永嘉地区有一位姓卢的女子。一天和母亲外出，路上冲出一只猛虎直扑母亲，张开大口要吞吃她。女子用身体挡住老虎。老虎转而扑向女儿，母亲得以逃脱。后来，有人看到她跨着老虎在山中走过。乡里人在永宁乡为她建了祠庙。到了宋理宗的朝代，封庙名为"孝佑"。

吕坤说：世上有几人不怕老虎呢？何况一名胆怯的女子，竟然单独挡在母亲前，唯恐老虎不吃自己。这是一颗什么样的孝心呢？也许是至诚到了极点，所以才把一切都忘记了。孝情深厚到如此程度，竟将万念抛在脑后。老虎何尝吃了卢氏？老天爷一定是要通过这件事，来彰显孝心感得的效验罢了。

谢小娥，幼有志操，许聘段居真。父与居真同为商贩，盗申兰申春杀之。小娥诡服<sup>①</sup>为男子，托佣申家。因群盗饮酒，兰春与群盗皆醉卧，娥闭户斩兰首，大呼捕贼。乡人擒春，得赃巨万。娥乃祝发为尼。

吕氏曰：小娥之节孝无论，至其智勇，有伟丈夫所不及者。娥许聘未嫁，一柔脆女子耳。谁为之谋，又何敢与他人谋，乃托身于危身之地，竟遂其难遂之心，何智深而勇沉耶！吾谓之女子房②。卒之祝发③，抑赤松④与游之，类乎？

【注释】①诡服：此指乔装打扮。②子房：指汉高祖刘邦的谋臣张良。③祝发：削发出家为僧尼。④赤松：晋代著名道教神仙黄初平，后世称为黄大仙，因在赤松山修炼成仙故又号赤松子。

【译文】谢小娥在幼年时，志向高远，操守清白。长大后接受了段居真聘礼待嫁。父亲与居真都是商贩，在经商中被盗贼申兰、申春劫财害命。谢小娥闻知消息，女扮男装，潜伏到申家做男佣。一天，盗贼们聚众饮酒，申兰、申春与这群盗贼们喝得烂醉，倒地便睡着了。谢小娥关上门窗，斩下申兰的头颅，然后出门大喊捉贼。乡里人赶来，捉拿贼头申春及他的手下，搜出巨万赃款。谢小娥从此削发为尼。

吕坤说：谢小娥的贞节和孝心暂且不论，仅论她的智勇双全，就算伟丈夫也比不上。谢小娥许聘还未嫁，只是一名柔弱的女子，没有人与她商议，况且像这种事她又怎么敢与别人商量？她孤身一人潜伏在如此危险的贼窝中，竟然能实现她难以成功的心愿，她的智谋何等深邃，勇气何等可嘉，行事何等沉着冷静，堪称女子中的张良了。事成之后她又能断然削发为尼，或许她现在已是一位像赤松子一样得道成仙的人物了吧。

葛妙真，元宣城民家女。九岁，闻日者①言母年五十，当死。妙真即悲忧祝天②，誓不嫁，终日斋素，以延母年。母后年八十一卒。事上赐旌异③。

吕氏曰：葛妙真笃母子之情，废夫妇之道，可谓卓绝之行，纯一之心矣。人定胜天，孰谓命禀于有生之初哉？

【注释】①日者：即中国古代观察天象的人，也叫天官。此指古时以占卦

75

卜筮为业的人。②祝天：向上天祷告。③旌异：旌表，褒奖。

【译文】葛妙真是元代安徽宣城一个平民家的女子，九岁时听一位占卜的人说："你母亲活到五十岁时就会死。"妙真异常悲伤、忧愁，至诚地向上苍祷告，发誓此生不嫁，服侍母亲，并终身斋戒、吃素，以此为母亲延长寿命。妙真依愿而行，她的母亲享寿八十一岁才过世。此事传至官府。妙真被赐旌旗，表彰其孝行感动天地。

吕坤说：葛妙真对母亲的孝心挚深至厚，竟然自愿废除夫妇之道，可谓超越古人、卓绝后世的行为，唯有精纯的孝心，方有精纯的孝行。人定胜天，谁说人的寿命长短自一出生便被老天注定了呢？

袁氏女，元溧水人，年十五。其母严氏孀居①，极贫，病瘫痪，卧于床，女事母极孝。至正中，兵火延其里，邻妇强女出避，女泣曰："我何忍舍母去乎？"遂入室抱母，力不能出，共焚而死。

吕氏曰：袁氏以孱弱女子，抱病废之母以出，岂不量力，意甘同死，不忍使母之独死耳。道固当尔，则杀身乃所以成仁乎。

【注释】①孀居：丈夫去世后不再改嫁之人。

【译文】袁氏之女，元朝溧水人，当时年纪十五岁。她的母亲在父亲去世后一直没再改嫁，家里非常贫穷，并且得病瘫痪在床，袁氏之女非常孝顺母亲。至正年间的一天，因战乱引起的灾火蔓延到她们村庄，有邻居家的妇人极力往外拉她，劝她赶快逃离现场，袁氏之女哭泣着说："我怎么能够忍心丢弃母亲自己一个人去避难呢？"于是进入房间想抱着母亲一起逃难，但是因为力气太小抱不动，于是就一起在房间里被火烧死。

吕氏说：袁氏以一个孱弱的女子之身，想抱起卧病在床的母亲一起逃出，难道她不知道凭自己的力气根本就是件不可能的事吗？她是心甘情愿和母亲一起死去，不忍心让母亲独自遭难啊！从孝道的角度来说，这也是一个做女儿的当时唯一能做得了的事，这便是杀身以成仁啊！

康孝女，明济源人。父友贤，年老无子。择王珏入婿。女劝母纳妾，生子，而乏乳。女亦生女，遂舍之，乳其弟，曰："吾父老矣，女可得，而弟不可再得也。"母尝遘疾甚，女尝粪甘苦。夫早殁，誓不再适。时人称之。

吕氏曰：康女事亲之孝，爱弟之友，从夫之贞，是谓三不可及。

**【译文】**明朝时期有一位姓康的孝女，家住济源。父亲康友贤年老，没有儿子继承家业。父母为她招了一个叫王珏的上门女婿。女儿委婉地劝母亲为父亲纳妾，后来生了一个儿子。但是，新生儿的母亲却没有奶水。这时，康孝女也生了一个女儿。她见小弟弟没有奶水吃，就舍下了自己的女儿，将奶水首先用来哺育弟弟。她说："我父亲老了，不能再生弟弟，我们年轻，还能生子。"母亲曾经生重病，女儿通过尝她粪便的苦甜，判断病症的寒热属性，便于医生正确用药。她的丈夫王珏因病早逝，康孝女坚守贞节，不再另嫁他人，受到当时人们的称赞。

吕坤说：康女以对父母的孝顺，对弟弟的友爱，对丈夫的忠贞，这三者都是常人无法做到的。

烈女。女子之道，守正待求。不惟从一而永终，亦须待礼而正始。命之不谷[1]，时与愿违，朱颜无自免之术，白刃岂甘心之地，然而一死之外，更无良图。所谓舍生取义者也。

**【注释】**①不谷：不善，不好。

**【译文】**女子之正道便是坚守正直，不妄动，等待合适的人家求娶。不仅从一而终，也必须从未出嫁时便要守礼义。假使命运不佳，时节因缘与心愿相违，作为一名弱女子没办法摆脱恶运时，又怎能甘心自断其命呢？然而，除了一死之外，再也没有其他更好的办法了。这就是所谓的舍生取义吧。

奉天窦氏，有二女，长者年十九，幼者年十六，少有志操，皆美姿容。永泰中，群盗数千人，剽掠其村。二女匿岩穴间，盗曳出之，驱迫以前，临壑谷，深数百尺。其姊曰："吾宁就死，义不受辱。"即投崖而死。盗方惊骇，其妹继之。折足，破面流血。群盗舍之而去。京兆尹第五琦嘉其贞烈，奏之。诏旌表①门闾②，永免其家丁役。

**【注释】**①旌表：朝廷以立牌坊或挂匾额等方式，表扬在坚守志节、恪守先贤礼教方面表现突出的人。②门闾：指乡里、里巷。

**【译文】**奉天（地名）住着二名姓窦的女子，年长者十九岁，年幼者十六岁，从小就有志气，操行清白，且容貌美丽，姿态端庄。永泰年间时，一群数千人的强盗掠夺她们的村子，窦氏二姐妹躲藏在山洞里，被强盗们发现，从洞里拖出来，驱赶她们向前走，到了险壑的山谷前，这山谷深达数百尺。姐姐说："我宁可死，也要保守义节不受他们凌辱。"说完跳下山崖，当场毙命。强盗见了非常惊骇。这时妹妹也跟着跳了下去，折断了双脚，刮破了脸面，血流不止。强盗们因此弃她而去。京兆尹第五琦听说后，对姐妹俩的贞烈行为大为赞赏，将此事上奏朝廷。皇帝看后亲下诏书，颁发旌旗，挂在她们家门上，以表彰两名女子的英烈之举，并永远免除了她们家的劳役。

詹氏女，绍兴初，年十七。淮寇号"一窠蜂"，破芜湖。女叹曰：

"父子俱无生理，我计决矣。"顷之，贼至，执其父兄，将杀之，女泣拜曰："妾虽窭（音吕，贫也）陋<sup>①</sup>，愿相从，赎父兄命。不然，且同死，无益也。"贼释父兄缚。女挥之曰："亟<sup>②</sup>走，无相念，我得侍将军足矣。"从贼行数里，过市东桥，跃入水中死。贼相顾骇叹而去。

吕氏曰：宋儒有云，死天下事易，成天下事难。故圣人贵德，尤贵有才之德。詹女委曲数言，忍死数里，而父兄俱脱于兵刃之下。向使骂贼不屈，阖门被害，岂不烈哉？而一无所济，智者惜之。若詹烈女，可为处变法矣。

**【注释】**①窭陋：鄙陋；浅薄。②亟：赶快，急速。

**【译文】**有一位姓詹的女子，绍兴初年时年方十七。淮河附近有一伙名为"一窠蜂"的贼寇，攻破了芜湖城防。詹女感叹说："我的父亲、兄长很难保住性命，我已做好打算了。"没多久，贼寇就进了城里，抓住她的父亲和兄长要杀他们。詹女一边哭泣，一边向贼首跪拜说："贫女虽然长相丑陋，愿意服侍您，赎回父亲和兄长的性命。不然，我将和父亲兄长一齐去死，这对您也没有什么好处。"贼首听后就放了她的父亲和兄长。詹女催促父兄说："快走，不要挂念我，我能够服侍将军，内心很满足了。"她跟从贼群走了数里，经过市里东边的桥上时，便跃入水中自杀了。这群贼被她突然的举动吓住了，相互对望着，最后叹息而去。

吕氏说：宋朝的儒士说过，为天下死还算是容易的事情，想为天下做成点事情是很难的。所以圣人以德为贵，尤其重视那些有才华又有德行的人。詹氏女忍着委屈说了那些言语，在数里地的路程中忍着想死的念头，而让她的父亲和兄长能够从贼人的兵刃下逃脱。假如当初大骂贼人而不屈从，全家人将会遭迫害，那难道不是很忠烈吗？但是那样做于事无补，有智慧的人都会为那样做而惋惜的。如若像詹烈女那样，便可以称得上是面对变乱，而能镇定自若、从容应对的典范了。

贞女。女子守身，如持玉卮①，如捧盈水，心不欲为耳目所变，迹不欲为中外所疑，然后可以完坚白之节，成清洁之身，何者？丈夫事业在六合，苟非戭伦，小节犹足自赎，女子名节在一身，稍有微瑕，万善不能相掩。然居常处顺，十女九贞。惟夫消磨靡烂之际，金久炼而愈精；滓泥污秽之中，莲含香而自洁。则点节者，亦十九也。故取贞女以示训焉。

**【注释】**①玉卮：玉制的酒杯。

**【译文】**女子守身就如拿着玉制酒杯，如捧着满满的清水，心不为外境耳目见闻所动，行仪不让家里家外的人们怀疑，然后才可以称得上守全坚正、洁白的名节，成全清白之身。为什么呢？大丈夫的事业在国家天下，只要不是亵渎人伦，小节上的过失还可以弥补。而女子的名节就在自己一身，稍有小小的瑕疵，就是有再多的好行为也无法弥补。不过女子在通常情况下或处于顺境中，十有八九都能够守住贞洁。只有当遇到特殊的境况时，就像金属被打磨捣烂后，再经长久火烧焠炼，才会愈显其精纯；或者像莲花一样，在秽恶的环境中长成，却能够清香四溢，且出污泥而不染，然而在这种情境之下，名节受到玷污的，往往也会十有八九。所以这里摘录了贞女的若干事例来教戒人们。

江南有一女子，父系狱，无兄弟供朝夕。女与嫂往省之。过高邮，其郡蚊盛，夜若轰雷，非帐中不能避。有男子招入帐者，嫂从之。女曰："男女别嫌，阿家为谁，而可入也？"独宿草莽中。行数日，竟为蚊噆①而死，筋有露者。士人立祠祀之，世传为露筋庙。

吕氏曰：高邮不志其事，而有祠，吾里人有谒其祠者，又载之《刘叔刚启蒙故事》云。嗟夫！姑嫂同行，旦夕不相离，即投民舍，少避须臾，谁得而议之？贞女守礼爱名，重于生死，固如此。古侍从无人，虽母子父女不同室。近世远别之道不明，即心可自信，而迹易生疑，无别而不苟合者有矣，未有苟合而不始于无别者也。故先王远男女于天壤。明嫌微于毫发，岂惟口语是忧，而实死亡祸败之为惧也。

**【注释】**①噆：叮，咬。

**【译文】**江南有一名女子，父亲被关在监狱里，没有兄弟侍候早晚给他送饭。她和嫂子去看望他，路经高邮。这个地区蚊子很多，到了晚上蚊子的声音像轰雷一样响，非要躲在帐子里才能躲避。有一名男子向她们招手，请入帐中躲避，嫂子听从了。她说："男女有别，规避嫌疑还来不及，除了夫家别人的帐篷怎么能钻进去呢？"说完她一个人露宿在野草丛中。行走了几天，竟然被蚊子咬死了，连筋骨都露出来了。当地的士人听后为她盖庙立碑祭祀她，后代世人称为"露筋庙"。

吕坤评说：高邮地区有这样的祠庙，当地人很少知道它的来由，我乡里的人去过这个祠庙，将她的事迹载入《刘叔刚启蒙故事》书中。可敬啊！姑嫂一起行路，朝夕不曾相离。就算投宿百姓家，稍加躲避片刻，谁也不会议论她们。但贞节的女子守礼法，爱名誉比生死还重要，到了弃命不顾的地步。按古代礼法，没有仆侍在身边，纵然亲如母子，父女也不单独待在一屋中，现在的人相处时，对远近亲疏的道理都不再懂得了，纵然他们能够内心坦荡无欺，但行迹毕竟容易令别人生嫌疑，"男女无别"并不一定都发生苟合之事，但是，没有一桩苟合之事，不是以"无别"做开端的。因此，先王教导"男女有别，到了天壤之别的程度，明辨嫌疑，微细到了毫发的程度。"不仅仅只是书面或口头上的警告，令人们对此稍加忧惧而已，历史上无数家破人亡的事例，无一不是告诫人们言行端正，警示人们要对此深以为惧。

廉女。视利如尘垢，若将浼①焉者也。

【注释】①浼：音美，古同"浼"。污染。

【译文】廉女，指的就是那些视利益如污垢的人，好像随时生怕自己被污染了一般。

曹修古，知兴化军，卒于官，贫不能归葬。宾佐赠钱五十万，妻欲受之，季女泣白其母曰："我先人在，未尝受宾佐馈遗，奈何以赗①钱累其身后？"母从之，尽却不受。

吕氏曰：父之廉见信于女。女爱父以德。宁不能归葬，而不受宾佐之赠焉，此岂世俗之见所能及哉？礼，丧有赗，孔孟亦所不辞。吾未见女子之狷介如是者，故录之以示训焉。

【注释】①赗：拿钱财帮助别人办理丧事。

【译文】曹修古出任兴化军的知府，在任期间抱病身亡。因他为官清廉，家境贫困，没有钱下葬，于是宾佐（官名，知府的上级）赠送铜钱五十万贯，知府的妻子想接受，但她的小女儿却哭着对母亲说："我的父亲在世时，从没有受过宾佐的馈赠，我们现在怎么能在他死后接受钱财，拖累他生前一生的清廉名节呢？"母亲听从了女儿的话，坚决不受送来的钱。

吕氏说：父亲廉洁的品格在女儿的身上体现出来。女儿用德来爱自己的父亲。宁愿不能把父亲尸体运回故乡埋葬，也不接受宾客和属下的馈赠，这岂是世俗人的见识所能达得到的？于礼来讲，若是接受别人的财物来安葬亲人，这是孔孟也不会有所推辞的。我没有见过女子洁身自好达到这种程度的，所以辑录下来以训示后人。

# 夫妇之道

《易》之"家人"曰："夫夫妇妇而家道正。夫义妇顺，家之福也。"故择夫妇之贤者以示训焉，使知刑于之化[1]，不独责之丈夫，而同心协德，亦有力焉。

【注释】①刑于之化：指以礼法对待。《诗·大雅·思齐》："刑于寡妻，至于兄弟，以御于家邦。"郑玄笺："文王以礼法接待其妻。"后用以指夫妇和睦。

【译文】《易经·家人卦》说："做丈夫的要像个丈夫，做媳妇的、做太太的要像一个太太，也就是各行其道，这个家道就正了。丈夫讲求道义、恩义、情义，太太能够柔和恭顺，这是一个家庭的福气！这样是一个家庭的福气。"所以选择贤良的夫妇事迹来训示后人，让大家知道夫妇之道要以礼法对待，不仅仅是丈夫的责任，也要妇人同心协力，共修品德，做好贤内助才能有力量。

晋冀邑人郤缺，夫妇相敬如宾客。一日缺耨[1]（乃豆切，耘也），其妻馌[2]（音叶，送饭），持飧奉夫甚谨，缺亦敛容受之。晋大夫臼季，过而见之，载以归，言诸文公曰："敬，德之聚也。能敬，必有德。德能治民，君请用之。"文公以为下军大夫。

吕氏曰：夫妇非疏远之人，田野非几席之地，馌饷非献酬之时，郤缺夫妇，敬以相将，观者欣慕焉，则事事有容，在在不苟，可知矣。余尝谓闺门之内，离一礼字不得，而夫妇反目，则不以礼节之故也。郤缺夫妇真可师哉！

【注释】①耨：音嬬。锄草。②馌：音叶。给在田间耕作的人送饭。
【译文】战国时期，晋国有一个叫作郤缺的人，跟他的太太在一起，能够相敬如宾。有一天，郤缺在田间劳动，他的妻送饭到田间，非常恭敬地端着餐具，谨慎地奉上，递给夫君。郤缺也神态专注，很恭敬地接过来。晋国的大夫名臼季，正巧路过田边，远远看到这一幕，回去向晋文公推荐说："诚敬，是美德的会聚，一个人能够有敬诚之心，他必定有德。有德就能够治国、安民，请您重用他吧！"晋文公听后采纳了他的意见，任命郤缺为下军大夫。

吕坤说：夫妇之间并不是疏远的人，而是很亲密，在田野里也不像自己家里一样，不是在家里自己一室之内。送饭的时候，也并不是酬谢答礼的时间，在这样的一个生活小节上，郤缺夫妇都能够这样的敬重如宾，互相都这样恭敬、讲礼，让观看的人在旁边看到之后非常的欣喜美慕！就可以推想到他们俩事事有容，在在不苟，德就在其中。我曾经说在闺门之内，就是夫妇之室当中，不能离开礼，夫妇也要讲礼，也要互敬。往往夫妇反目，闹别扭、闹矛盾的，都是因为缺了礼节。夫妇之礼，就如同宾客之礼一样。郤缺夫妇真的可以说是我们的老师，是我们的榜样啊！

汉鲍宣妻桓氏，字少君。宣尝就少君父学，父奇其清苦，以少君妻之，资装①甚盛。宣不悦曰："少君生富骄，习美饰，而吾实贫贱，不敢当。"妻曰："大人以先生修德守约，故使妾侍执巾栉。既承奉君子，唯命是从。"宣笑曰："能如是，是吾志也。"妻乃悉归侍御服饰，更着短布裳，与宣共挽鹿车。归乡里，拜姑礼毕，提瓮出汲。修行妇道，乡邦称之。

吕氏曰：少君以富家少女，幡然甘贫妇之行，毁妆露面，汲水挽车。古称习气难脱，士君子累岁穷年，不能渐变，而况斯妇乎！少君可谓勇于义矣。鲍宣甘心苦节，视势利纷华，若将浼焉，岂不介石君子哉？乃有利妇家之财。得之则喜，不得则怒，日填溪壑而不足者，视此当亦汗颜。

【注释】①资装：嫁妆。

【译文】汉朝渤海人鲍宣的妻子，是桓氏的女儿，字少君。鲍宣曾经到少君家向少君的父亲求学，少君的父亲惊奇鲍宣能自甘清贫与艰苦，所以将女儿嫁给他，陪嫁赠送的财物非常多。鲍宣不高兴，对妻子说："少君生来富贵骄傲，习惯打扮得漂漂亮亮，然而我实在贫寒微贱，礼数上不敢接受。"妻子说："父亲因为先生修养品德，坚守简约，所以要我来侍奉您，为您做一些递拿盥洗用具之类的事情，既然我侍奉您，就按照您的意思去做。"鲍宣笑着说："能像这样，那就符合我的心意了。"妻子于是将侍女、衣服和饰物全部退回，重新换上短布衣服，和鲍宣一同拉着小车回家乡。给婆婆行完礼，少君就提着瓦瓮出去提水。少君注意修养德行，行为合于妇道，乡里都称赞她。

吕氏说：少君以一个富家少女的身份，能够很快彻底地且心甘情愿去过贫妇的生活，她从此改换原有的服饰打扮，做着汲水挽车这样的活。古人说一个人长期养成的习气很难去除，士君子经历很长的时间后尚且不能够渐渐改变，更何况是一介妇人呢？少君可以说是既有勇又有义啊。鲍宣心甘情愿坚守艰苦的情操，将荣华势利，看成天空中虚浮不实的狂花，随时防止自己的志向被利欲所染污，难道不是一位操守坚贞的君子吗？那些眼睛盯着妇人家财富的势利小人，得到手便心喜若狂，得不到手便怒气冲天，每天用财富填充内心的贪欲，到死也不知道满足的人，看到这对夫妇的操守，也应该会感到汗颜羞愧的。

吕荣公夫人仙源（夫人字也），尝言与侍讲为夫妇，相处六十年，未尝一日有面赤。自少至老，虽衽席之上，未尝戏笑。

吕氏曰：夫妇之间，以狎昵始，未有不以怨怒终者。荣公夫妇，惟其衽席无嬉戏，是以终身无面赤，吾录之以为夫妇居室之法云。

【译文】吕荣公的夫人字仙源。曾说和侍讲做夫妻，一起相处六十年，没有一天和对方红过脸。从年轻一直到年老，即使是在寝室之中，也从来没有嬉戏打闹过。

吕氏说：夫妇之间，从亲近、亲昵开始，没有不是以怨恨恼怒结束的。荣公他们夫妇，即使是在寝室内也没有嬉戏打闹，并且从来没和对方红过脸，我录下这件事来作为夫妇在居室相处的榜样。

# 妇人之道

妇人者，伏于人者也。温柔卑顺，乃事人之性情。纯一坚贞，则持身之节操。至于四德①，尤所当知。妇德尚静正，妇言尚简婉，妇功尚周慎，妇容尚闲雅。四德备，虽才拙性愚，家贫貌陋，不能累其贤；四德亡，虽奇能异慧，贵女芳姿，不能掩其恶。今采古人之贤者。

【注释】①四德：指妇德、妇言、妇功、妇容。

【译文】妇人，归服于人的意思。温柔的性格，谦卑的心态，和顺的言辞，是妇人服侍他人应有的品性。持身要有纯一的气节，坚贞的操守。对于妇德、妇言、妇功、妇容"四德"来讲，那更应该掌握了。妇德贵在能够安静守持正道，妇言在于简要、婉转、含蓄，妇功在于周详谨慎，而妇容贵在气质，要闲静文雅。四德全备了，则虽然才识不高、性情愚钝，家庭贫穷、相貌丑陋，也不能影响你的贤慧；若是这四德都缺失，即使是你有特殊、奇异的才能和智慧，即使是富贵人家的女儿，拥有骄人的美貌，也还是不能掩盖你身上的恶习。现在记录一些古人中的贤者。

兼德：妇人备有众善，一长不足以尽之也，故列诸首。

【译文】兼德，妇人的品行应具备众善，一个长处无法弥盖其他不足，因此将"兼德"列在本章最首。

明帝后马氏，伏波将军援①之女也。谦抑节俭，不私所亲。肃宗即位，欲封诸舅，太后不听。明年夏，大旱，言事者以为不封外戚之故。太后乃下诏曰："凡言事者，皆欲媚朕以希恩耳。昔王氏同日五侯，其时黄雾四塞，不闻澍雨②（甘雨）之应。田窦（田蚡、窦婴）贵宠横恣，倾覆之祸，为世所传。故先帝慎防舅氏，不令在枢机之位。诸子之封，裁令半楚淮阳诸国。尝谓我子不得与先帝子等，今有司奈何欲以马氏比阴氏乎？吾为天下母，而身服大练③（粗熟绢帛），食不求甘，左右但着布帛，无香熏之饰者，欲以身率下也。"

吕氏曰：士庶人女，莫不私其所亲，况太后耶！明德惩田窦五王之横，裁抑外家，不令封侯。身为天下母，而衣大练之衣，无三味之膳，敦节俭以为天下先。非甚盛德，何能割恩任怨，约己率人若此哉？吾首录之，以为妇道倡。

【注释】①援：马援，东汉开国功臣之一，汉族，扶风茂陵人，因功累官伏波将军，封新息侯。②澍雨：及时的雨。澍，音（shù）。③大练：粗糙厚实的丝织物。

【译文】东汉明帝的皇后马氏，原是伏波将军马援的三女儿。为人谦卑自制，节省俭朴，不偏袒自己亲近的人。肃宗即位后，想要封赏他的几个舅舅，太后不允许。第二年的夏天，发生严重旱情，讨论这件事的人都认为是不封赏外戚的原因。太后于是下诏说："但凡说这种话的人，都想通过谄媚讨好我以求得恩宠。从前成帝时，同一天封赏王太后弟王谭、王商、王立、王根、王逢时五个关内侯，那时黄雾充塞于东南西北四方,却不见及时雨下降。另外,田蚡、窦婴这些外戚,倚仗着显贵而受宠信,恣意横行,遭受覆败倾灭之祸,这已经是为世人广为传说的了。因此,先帝启用帝舅时特别谨慎,防止他们滥用娘家势力,从不在重要的官职上任用他们。对各位皇子的册封都减半,只限于楚淮扬等部分地区。他曾对我说:'我的儿子享受的待遇,总不能与先帝的皇子一样。'现在有关官员为什么想拿现在的外戚和先帝的外戚相比呢?我为天下之母,但身着粗帛,吃饭不求甘美,身边的侍从人员也穿着普通布帛的衣服,没有香囊之类的饰物,她这么做,就是想以自己的行动来给下面的人做表率啊!"

吕氏说:士人和普通百姓的女儿,没有不偏私自己的亲人的,更何况是太后呢?明德皇后惩治田蚡、窦婴以及王太后五个弟弟的蛮横势力,裁削抑制外家,不让皇帝给他们封侯。自己身为天下之母,依然身着粗帛,吃饭不求甘美,崇尚节俭,优先考虑天下百姓。如果不是有着非常的德行,怎么能够做到弃绝私恩忍受他人埋怨,约束自己给天下人做表率呢?我记录明德皇后的事迹为妇道做个榜样。

敬姜者,鲁穆伯之妻,文伯之母,季康子之从[①]祖叔母也。文伯相鲁,退朝,敬姜方绩。文伯曰:"以歜(音出,文伯名)之家,而主(大夫之妻称主)犹绩,惧干季孙之怒,其以歜为不能事主乎。"敬姜叹曰:"鲁其亡乎!使僮子备官而未之闻耶。居,吾语女:'昔圣王之于民也,择瘠(音即)土而处之,劳而用之,故长王天下。夫民劳则思,思则善心生。逸则淫,淫则忘善,忘善而恶心生。沃土之民不材,淫也。瘠土之民向义,劳也。是故天子公侯,王后夫人,莫不旦暮优勤,各修其职业(省文)。今我寡也,尔又在下位,朝夕虔事[②],犹怨忘先人之业,况敢怠耶!'"季康子尝至,敬姜缠(音委,斜开)门而与之言,不逾阈[③](音域,门限)。仲尼谓敬姜别于男女之礼矣。

吕氏曰：敬姜之内教备矣，无一而不善，可为妇人持身之法。

**【注释】**①从：堂房亲戚。②虔事：恭敬做事。③阈：门坎。

**【译文】**敬姜是春秋时期，鲁国大夫穆伯的妻子，文伯的母亲，季康子的堂祖叔母。她博古通今，知书达礼。穆伯死得很早，敬姜守寡未嫁。文伯在鲁国做臣相。一天，文伯下朝回来看到母亲在织布，就说："母亲，您怎么还在织布呢？我在朝廷担任高官，我的俸禄难道还不能养活您吗？我的母亲还织布，让人看见了会笑话我的。何况恐怕因此冒犯了季孙，惹他发怒，让他认为我是不能侍奉君主的吗？"敬姜感叹地对她儿子说："鲁国要亡了啊！他们让你这不懂事的年轻人当了高官却没让你明白道理，这太可怕了！你坐下，我告诉你，古时候的圣王他们治理人民，都是选择那些贫瘠的土地去居住，让人民通过劳动而拥有生活所需，所以能够长久地拥有天下。人民勤于劳动就会有所思，有所思善良的心就会生成。安逸则会沉溺放纵，沉溺放纵则会忘却善，忘却善会滋长一颗恶心。处在肥沃土地上的人很少成材的，正是因为放纵的原因。贫瘠土地上的人崇尚道义，是因为劳动使然。所以天子王公大臣，乃至君王的妇人，没有不是朝夕辛勤劳动，各自认真处理自己的事务的。如今，我是一个寡妇，而你地位又低，即便我们起早贪黑努力地干活，还怕对不住你已逝父亲的志向，哪还敢偷懒呢？"季康子曾来到敬姜的家，敬姜斜开着门与他讲话，并不越过门坎。孔子说敬姜是在遵守男女有别的礼仪啊！

吕氏说：敬姜在家里教戒孩子的品德已经全备了，没有一个行为举止是不善的，可以作为妇人受持自身的榜样。

乐羊子妻，不知何氏女。羊子尝行路，得遗金一饼，与其妻。妻曰："妾闻志士不饮盗泉之水，廉者不受嗟来之食，况拾金以污其行乎！"羊子大惭，乃捐于野。尝远寻师，学一年来归，妻跪问故。羊子曰："久行怀思，无他意也。"妻乃引刀就机而言曰："此织生自蚕茧，成于机杼。一丝之累，以至于寸。累寸不已，遂成丈匹。今若断斯织也，则捐成功，废时月。夫子积学，当日有成。若中道而归，何异断斯织乎？"羊子感其言，还就学，七年不反。妻躬勤养姑，又远馈羊子，俾之卒业。尝有盗入其家，欲犯之不得，乃劫其姑。妻闻，操刀而出。盗曰："速从我！不从，我杀汝姑！"妻仰天恸哭，举刀刎颈而死。盗大惭，舍其姑而去。太守闻之，赐钱帛，以礼葬之，号曰贞义。

吕氏曰：贤哉，乐羊子之妻乎！遗金不受，临财之义也；乐守寂寥，爱夫之正也；甘心自杀，处变之权也。值此节孝难全之会，一死之外，无他图矣。史逸其名，惜哉！

【译文】乐羊子的妻子，不知道她姓什么。羊子有一次走在路上，捡了一块金子回到家里，给他太太。太太说，"我听说有志之士不喝盗泉的水，不义的东西碰都不碰。廉洁的人不接受嗟来之食。对于一个有操守、有人格的人，不会接受这种所谓的施予。在路上捡了金子，那不就是玷污了自己的德行吗？"羊子很惭愧，于是又把金子放回原地。后来羊子寻师求道，学了一年就回来了。他妻子就跪下来问他，为什么回来？羊子讲："也没什么事，就是很想你，回来看望看望你。"羊子之妻这时候就拿了一把剪刀，到了她的纺织机旁，就对她先生说："你看纺织蚕丝，一缕一缕慢慢地把它集结成布匹，从一寸到一丈，到成匹。如果现在还没有织完，我就把它剪断，那不就是把日积月累的功夫全都荒废了吗？夫君你求学，如果还没有学成，中道而还，这不等于我现在没织好布就把它剪断一样的道理吗？"羊子听到他太太这样的话，也非常地惭愧和感动，于是立志求学，不学成就不回来，结果一学就学了七年，没有回家。他的妻子就在家里非常勤恳地奉养婆婆，而且还能够托人常常送东西给羊子，供养他学业。有一次有盗贼闯入他们家，这个盗贼企图玷污她不成，就把她的婆婆劫持住。乐羊子妻拿着刀追出来，盗贼说："你要是不从我，我就把你的婆婆杀掉。"乐羊子妻仰天痛哭，举刀就自刎了。这个盗贼非常地惭愧，丢下她婆婆就逃跑了。后来当地的太守听到这样的义事，于是对乐羊子妻用厚礼给她安葬，而且给她谥号叫"贞义"。

吕氏说：乐羊子妻真是贤人啊！路上捡到的金钱不接受，这是面对财富能够守住道义；丈夫去远道求学，自己长年甘受寂寞，这是真正地爱护自己的丈夫；关键时刻能够舍身取义，即使自杀也心甘情愿，这是在环境突变时能够临机决断，动不失宜。当此节操和孝顺很难两全之时，除了以一死来化解，实在没有比这更好的办法了。这样一个女子，史书上竟然没有留下她的名字，真是可惜啊！

李五妻张氏，济南邹平县人，年十八，夫戍福建之福宁州，死于戍。时舅姑老，家贫无子，张蚕绩以为养。及舅姑殁，张叹曰："夫死数千里外，不能归骨以葬者。以舅姑无依，不能远离也。今大事尽矣，而夫骨终弃远土，妾何以生？"乃卧积冰上，誓曰："使妾若能归夫骨以葬，即幸不冻死。"卧月余不死。乡人异之，乃相率赠以钱粮。大书其事于衣以行，由邹平至福宁，五千余里，不四十日而至。其侄补戍在焉。张氏见之，问夫葬处，已忘之矣。张哀号欲绝，忽其夫降神，道别及死状，且指骨所。张如言求之，果得以归。有司上其事，旌表焉。

吕氏曰：张氏孝节，可谓审于先后矣。夫死而舅姑无依，则我身重于夫，故代夫为子，而夫死若忘。舅姑死而夫为客鬼，则夫身重于我，故忍死间关①，而夫尸竟得。孰谓贫妇而有斯人？

【注释】①间关：形容旅途的艰辛，崎岖、辗转。

【译文】从前有一个人叫李五，他的妻子张氏，是济南邹平县人。张氏十八岁嫁到丈夫家，因为丈夫要去福建的福宁州从军，结果离开了家，就死在了军中。当时公公婆婆年纪大了，他们也没有其他孩子了，张氏就天天养蚕纺织养家糊口，代夫君尽孝，一直到公公婆婆都去世了。这时候张氏自己很感叹："丈夫死于数千里之外，尸骨不能归乡安葬，以前公公婆婆在不能远离，现在公公婆婆不在了，这孝道也完成了，让他仍然躺在异地他乡，我怎么能够活在这个世上呢？"于是，大冬天的她就躺在冰上，发誓说："如果我能够把丈夫的尸骨找回来安葬，那我躺在冰上也不会冻死。"结果她竟然躺在冰上一个多月都没有死。乡里人都非常的惊异！所以乡人纷纷拿出钱粮供给张氏，给她路费，并将她的事迹写在衣服上，张氏于是就启程去寻找夫骨。五千多里路，没想到她不到四十天就到了。看到她的那个侄儿还在把守边关，于是就问她丈夫的遗骨在哪里。因为年头太久了，侄儿都忘了。于是张氏就痛哭流涕，突然就感到她丈夫的魂降下来，跟她道别并且告诉她自己死时的情状，还跟她说自己的尸骨在哪里，于是张氏就依魂灵所说的话去找，果然找到。当时朝廷得知这件事情，特别下旌表表彰。

吕氏说：张氏守持孝道和名节，可以说是明白先后的。丈夫死了，但是公公婆婆还在，而且没有依靠，这时自己的身子比丈夫的身子更重要，所以要留下来代替丈夫行人子之道，暂时把丈夫死在边关的事情放下了。一直到公公婆婆去世了，但是丈夫客死他乡，这个时候丈夫的身子比自己更重要，于是不畏重重艰险，终于寻回丈夫的尸骨。谁能想到贫寒人家的妇女竟然有这样的节义！

孝妇。万善百行，惟孝为尊。故孝妇先焉。

【译文】孝妇，万善孝为先，百行孝为尊。因此"孝"为妇人首先要具备的品德。

孝妇者，陈之少寡妇也。甫①嫁而夫当戍，将行，属孝妇曰："我生死未可知，幸有老母，无他兄弟备养。吾不还，汝肯养吾母乎？"妇应曰："诺。"夫果死不还。妇无子，养姑慈爱愈固。纺绩以为业，终无嫁意。居丧三年，其母将取而嫁之。孝妇曰："妾闻信者，人之干也；义者，行之节也。妾始嫁时，受严命而事夫。夫行，属妾以母，妾既诺之矣。受人之托，岂可弃哉？弃托不信，背死不义。"母百计劝之，孝妇曰："所贵乎人，贵其行也。生子而娶之妇，非以托此身乎？姑老矣，夫不幸，不得终为子，而妾又弃之，是负夫之心，而伤妾之行也。行之不修，将何以立于世？"欲自杀，父母惧而从之。养姑二十八年，姑死，终身祭祀。淮阳太守以闻，汉文帝高其义，赐黄金四十斤。复其家，号曰孝妇。

吕氏曰：孝妇夫亡时，年甫十八耳。别时一诺，持以终身。既守妇节，又尽子道。艰苦几经，不二其心，设非孝妇，母也不为沟壑之枯骨乎？

【注释】①甫：刚刚，才。

【译文】汉文帝时期，有一位孝妇，是姓陈人家的年轻寡妇。她刚嫁进门不久，丈夫就被征兵要离开家里，临行前嘱咐自己的妻子说，"我这次走，生死未可知。现在还有老母亲在堂，我是独子，没有兄弟来供养老母。我这次去当兵，如果不幸死在沙场，你肯代我养母亲吗？"这个孝妇说，"我一定会的。"后来丈夫果然在战争中死亡，这个孝妇又没有孩子，跟自己的婆婆相依为命，对婆婆非常的孝敬，自己以纺织为业，没有再嫁人的意思。得知她夫君死了这个噩耗，在家里居丧三年。她的母亲非常希望她能够改嫁。孝妇就非常坚定地回答说:"我听说信这种品德,就像树的主干一样,道义是节制行为的标准。我刚刚出嫁的时候,是遵从父母之命,从此这一辈子专心事奉自己的丈夫。丈夫在临走之前,嘱咐我照顾好婆婆,我已经承诺了。既受人之托,怎么可以舍弃不顾呢?辜负人家的托付,是不守信用;对不起死去的丈夫,是违背道义!"母亲想尽千方百计劝她改变主意,孝妇说:"一个人可贵就在他的德行。人家生了儿子又为他娶来媳妇,不就是为了自己老来有个依靠吗?我婆婆老了,丈夫不幸早逝,不能够自始至终尽做儿子的义务,如果我再抛弃了她,这样做既辜负了丈夫的一片心意,又损害了自己的德行。一个人没有了德行,还有什么脸面活在这世上呢?"孝妇对母亲说完这些就要自杀,父母看到这种情况也非常害怕,只好依了她。最后这个儿媳妇赡养婆婆二十八年,一直到婆婆过世后,这个孝妇终生祭祀她的婆婆。当时淮阳太守听说了这件事,上疏给汉文帝。汉文帝对这种孝行特别的赞赏,所以赐了四十斤的黄金给她家,免去了她家的一切徭役,并赐予"孝妇"的封号。

吕氏说:孝妇在丈夫去世的时候,年龄还不到十八岁。和丈夫离别时的一个承诺,竟然能终身保持。她既守持了妇人的节操,又尽了为人子的孝道。经历了很多艰苦,依然没有改变自己的这种存心。假设她如果不是一位孝妇,她的婆婆的尸骨不是要被任意丢弃在沟壑之中了吗?


唐夫人者,中书侍郎崔远之祖母也。夫人事姑孝。姑长孙夫人,年高无齿。唐夫人每旦拜于阶下,即升堂乳其姑。长孙夫人,不粒食数年而康宁。一日疾病,长幼咸集,宣言无以报新妇恩,愿新妇有子有孙,皆得如新妇孝敬。则崔氏之门,安得不昌大乎?

吕氏曰:妇事姑,菽水①时供,不失妇道。即以孝称者,日竭甘旨②,极意承欢,母不能食,亦付之无可奈何耳。唐夫人事姑乃夺子之乳以乳之,非真心至爱，出于自然，何能思及此哉？是故有孝亲之心，不患无事亲之法。

【注释】①菽水：豆与水。指所食唯豆和水，形容生活清苦。这里泛指日常所需饮食。②甘旨：指美味的食物。

【译文】唐朝有一位崔姓人家的孝妇，是中书侍郎崔远的祖母。她侍奉自己的婆婆非常孝顺。她的婆婆叫长孙夫人，年纪很大了，牙齿都已经脱落了。唐夫人每天早晨自己梳理完毕之后，就到婆婆堂前拜见婆婆，然后上堂来让婆婆喝自己的乳汁。所以她的婆婆长孙夫人（虽然没有牙齿），很多年不能够吃饭，但是活得还是很健康。有一天她的婆婆生了重病，于是她就把她家里老小都招到她的房间里。她对大家说，因为媳妇给我哺乳才活到今天，自己没有什么能够报答媳妇的，就希望家里子子孙孙的媳妇个个都像自己媳妇一样的孝敬。如此，崔氏家族，能够不昌盛吗？

吕氏说：媳妇服侍婆婆，供给粗茶淡饭，也算尽了妇人的本分。若要称得上孝顺二字，每天竭尽所能，给公婆提供最美味的食物，极力满足老人家的心愿，令他们高兴。即便如此，婆母没有牙齿，没有办法吃东西，一般来说，媳妇也就无能为力，无可奈何了。唐夫人事奉自己的婆婆，用喂孩子的乳水喂养婆婆，如果不是出自至诚之心，发自孝子的天性，怎么能够想得出这样的方法呢？所以只要有真孝心在，就不怕想不出奉养父母的好办法来。

广汉姜诗，事母至孝。妻庞氏，奉顺尤笃。母好饮江水，去舍六七里，其妻取水，值风，还不及时。母渴，诗怒而遣之。妻寄止邻舍，昼夜纺绩，市珍羞①，因邻母以达于姑。久之，姑②怪问，邻母具对。姑感惭，还之。恩养愈谨。其子因远汲溺死。妻恐姑哀伤，托以远学不在。姑嗜鲙，又不能独食。夫妇常力作供鲙，呼邻母共之。舍侧忽涌泉，味如江水，每日跃出鲤鱼一双，常供二母之膳。赤眉贼经诗里，驰兵而过曰："惊大孝必触鬼神！"其孝感如此。

吕氏曰：孝子之事亲也，养口体易，养心志难，顺一时易，顺终身难，事慈亲易，事严亲难。庞氏小过被逐，怨怼不生，而托邻母以致养，力作求鲙，不惟供母，又养邻母以陪欢。孝无以加矣！余非人子耶？余甚愧之，安得起九泉人！复伸姜孝子一日之心耶！

【注释】①珍羞：亦作"珍馐"。珍美的肴馔。②姑：婆婆。

【译文】广汉地区的姜诗，侍奉母亲极其孝顺。他的妻子庞氏，侍奉孝顺的心更为虔诚。姜诗母喜好喝江里的水，取水的地方距离他们的房子有六七里路。姜诗的妻到江边取水，遇上大风，没有及时回家，让母亲口渴。姜诗因此发怒，并将妻子赶出了家门。妻子于是寄住在邻居家，昼夜纺织，然后换钱从市场上买了珍美的肴馔，让邻居的母亲送给自己的婆婆。时间久了，婆婆感到奇怪，便问邻居的母亲，邻母把事情完整地告诉了她。庞氏的婆婆感到很惭愧，便叫姜诗的妻子回家来。姜妻从此对赡养婆婆更加谨慎细心了。姜诗的儿子后来因为去远处取水溺死了，姜诗的妻子怕婆婆感到哀伤，不敢和她说，而推脱说因为外出求学了所以不在家。婆婆嗜好吃鲙鱼，一个人吃又觉得没有兴致，姜诗夫妇经常努力劳作买来鲙鱼，叫上邻居家的母亲一起吃。有一天，他们的房子旁边忽然涌出泉水，味道和江水一样，每天早上就跳出两条鲤鱼，用来供给这两位母亲食用。当年赤眉军叛乱朝廷，烧杀抢劫，唯独经过姜诗家一带的乡里，叛兵疾驰而过说："这里是大孝之人居住的地方，惊动了这里一定会触怒鬼神！"孝行对人的感化一至于此。

吕坤说：孝子侍奉父母，用食物养活父母容易，可要养父母的心志却比较难。孝顺父母一时很容易，孝顺一辈子却很困难。奉侍慈祥的双亲容易，侍奉严厉的双亲就比较难。庞氏因为小过失被赶出家门，非但没有生怨恨心，反而委托邻家老妇人送去物品，尽孝养的义务，并努力劳作求取母亲喜爱的鲐鱼。不仅供养母亲，连同邻居的母亲一起奉养，陪着老人家，让她高兴。他们的孝心到了无以复加的程度。难道我不也是为人子女的吗？我深深感到惭愧，如何才能唤回九泉下的父母，让我也能像姜孝子那样，一伸孝子之心呢？哪怕只给我一天的机会！

赵孝妇，早寡家贫，为人织纤①。得美食，必持归奉姑，自啖粗粝（音腊）。尝念姑老，后事无资，乃鬻次子于富家，得钱百缗，买木治棺。棺成，南邻失火，顺风而北。势迫失矣。孝妇亟扶姑出，而棺重不可移，乃伏棺大哭曰："吾卖儿得棺，无能为我救者？天乎天乎？"言毕，火越而北，人以为孝感所致。

吕氏曰：孰谓回禄②无知哉？止火即异，越孝妇而北不尤异乎！至诚而不动者，未之有也。

【注释】①织纤：指织作布帛之事。②回禄：相传为火神之名，引伸指火灾。

【译文】有一位孝妇姓赵，早年就守寡了，家里很贫穷，她给人做纺织，缝补衣服，换点钱来孝养婆婆。每次得到最美味的食物，必定会首先拿回来孝养婆婆，而自己吃的是粗茶淡饭。她感伤自己的婆婆年龄已经很大，没有钱为她准备后事，于是把第二个儿子卖给一个富人家，换来些钱，买了一口棺木。棺材做好后，南面邻居家失火，又赶上大风一路向北吹来。风把火势吹得很猛，直逼这个孝妇的家。当时孝妇扶着她的婆婆出门，出了门之后，回头想要把这口棺材也搬走，但是太重了，她没办法移动棺材。眼看火就烧到家了，她就抱着这口棺材大哭起来，说：我卖了儿子才得到这口棺木，上天你就不能救救我吗？"说完，忽然发现这个火越过赵孝妇的家往北方烧了过去。大家都认为，这是孝妇的德行感动了上苍。

吕氏说：谁说火灾无知呢？火突然停止已经是很神奇了，但是能够越过赵孝妇的家不是更加让人惊异吗？有至诚心而不能感动上天的，那是从来没有过的啊！


俞新之妻，绍兴人，闻氏女也。新殁，闻尚幼，父母虑其不能守，欲更嫁之。闻哭曰："一身二夫，烈妇所耻。妾可无生，可无耻乎？且姑老子幼，妾去当谁依也？"即断发自誓。父母知其志笃，乃不忍强。姑久病风①，失明，闻手涤溷（音混）秽，时漱口上堂舐其目，目为复明。及姑卒，家贫无资，与子亲负土葬之，朝夕悲号，闻者惨恻②。

吕氏曰：未有贞妻不为孝妇者。闻氏事姑，至舐目复明，非至孝感通，孰谓舌能愈目哉？乃有欺其不见，而以蛴③具食者。


【注释】①病风：患风搐或风痹病。②惨恻：忧戚；悲痛。③蛴：蛴螬，金龟子的幼虫，圆柱形，白色，身上有褐色毛，生活在土里，吃农作物的根和茎，害虫。俗称"地蚕"、"土蚕"、"核桃虫"。

【译文】有个叫俞新的人，他的妻子是绍兴人，一个姓闻的人家的女儿。俞新死后闻氏年纪还很小，父母担心她不能守节，所以想让她再嫁。闻氏听了哭着说："一身事二夫，这是烈妇所感到羞耻的事情。我宁可不活，怎么能够无耻呢？现在婆婆年老了，而儿子还年幼，我如果改嫁了，那么谁来照顾他们呢？"说完之后自剪头发以明志不嫁。父母知道她笃诚守节，便不忍心强迫她。后来婆婆得了风痹病，眼睛也失明了，闻氏就每天亲手给婆婆清理身上的污秽，并且按时漱口用舌头舔婆婆的眼睛，后来她婆婆竟然双目复明了。到婆婆去世的时候，因为家里贫穷，没钱办后事，于是就和她的儿子一起背土埋葬了自己的婆婆，早晚痛哭不止，听到的人都为她感到很难过。

吕坤说：没有哪位忠贞的妻子是不孝顺的人。闻氏侍奉婆婆，居然能用舌头舔她的眼睛使之复明，如果不是有至诚的孝心感通，谁听说过舌头能够治愈盲目呢？现在甚至有些不孝之人欺侮老人看不见，把蛴螬等虫子充当食物给他们吃的都有啊。

死节之妇。身当凶变，欲求生必至失身。非捐躯不能遂志。死乎不得不死。虽孔孟亦如是而已。

【译文】死节之妇，是指那些身处凶变之时，如果想求得生存就一定会导致失身。不死就不能保全节操。这些人为了捍卫做人的气节，死于不得不死，即使是有孔孟的德行和智慧，也只能做这样的选择了。

皇甫规妻，不知何氏女，美姿容，能文，工书，时为规答书记。人怪其工，后乃知之。规卒，妻年方少，董卓为相，聘以辎軿①百乘，马二十四匹，奴婢钱帛充路。妻乃缞服②诣卓门，跪自陈请，辞甚酸怆③。卓使侍者拔刃围之，谓曰："孤之威令，四海风靡，乃不行于一妇人乎？"妻知不免，乃起骂卓曰："君羌胡之种，毒害天下，犹未足耶！妾先人，清德弈世④，皇甫氏，文武上才，为国忠臣。君其趣（与趋义同）走吏，敢行非礼于尔君夫人耶？"卓乃引车庭中，以其头悬轭⑤，鞭扑交下。妻谢杖者曰："重加之，令我速死。"遂死车下。后人图画，号曰礼宗云。

吕氏曰：哀哉！皇甫妻也。有色，有文，有行，而天不祚其身。义哉！皇甫妻也。诱之以利，怵之以兵，而竟不夺其志，至于跪卓乞免，积诚意以感动之，可谓从容不迫矣！不爱死，不求死，不得已而后死，其善用死者哉！

【注释】①辎軿：辎车和軿车的并称。后泛指有屏蔽的车子。②缞服：丧服。③酸怆：凄怆。④弈世：累世，世世代代。⑤轭：音饿。驾车时搁在牛马颈上的曲木。

【译文】汉末有个叫皇甫规的人，他的妻子不知道姓什么，不仅长得很美，而且能文能书，很有才华，时常为皇甫规起草文书。当时看到的人都惊异于皇甫规文辞的优美和缮写的工整，直到后来才知道是他的妻子帮他起草的。后来皇甫规死了，妻子还很年轻。当时董卓为丞相，他带了很多的聘礼，一百辆车子，还有二十匹马，以及很多奴婢钱帛来聘皇甫规的这位妻子做自己的妾室。皇甫规的妻子披麻戴孝到董卓的门口，跪下来向董卓求情，希望他能放过她，言语辛酸而凄怆。结果董卓令侍从拿刀围着她，问她："我的号令四海之内没有人敢违抗，何况你这一个区区妇人，怎么能够违反我的号令！"皇甫规的妻子知道已没有办法幸免了，于是站起来大骂董卓："你本来是羌胡蛮夷的后代，如今天下人都被你坑害，你难道还嫌不够吗？我的祖先，累世有高洁的德行，皇甫氏无论文武都是上等之才，是汉朝的忠臣。你不过是在他们手下供奔走驱使的小吏罢了，竟敢对你主人的夫人行非礼之事吗？"董卓于是把车子拉到庭院当中，将皇甫规妻子的头吊在车辕前横木上，棍棒齐下。皇甫规的妻子对手拿棍棒的人说："请您再打重些！让我快点死吧。"最终她被打死在车下。后代的人为她画像，号称她"礼宗"。

吕氏说：真是让人哀伤啊！皇甫规妻有姿色，有文采，有德行，而上天却没在她的身上赐福。她真是有义啊！用利益来诱惑她，用武力来吓唬她，竟然都不能改变其心志，至于她跪在董卓面前求他放过自己，想用诚意来感动他，可谓是遇事从容不迫、不卑不亢！不怕死，不求死，最后不得已而死，可以说她是善于面对这个"死"字的了！

梁氏，临川人。归王氏家，才数月，会元兵至。与夫约曰："吾必死兵。若更娶，当告我。"顷之，夫妇俱被执。有军千户，欲纳梁氏。梁绐①曰："同行而事两夫，情礼均病。乞归吾夫而后可。"千户从之，夫去。计不可追矣，即拒搏怒骂。遂被杀。越数年，夫谋更娶，议辄不谐。因告妻，夜梦妻云："我死后，生某氏家，后当复为君妇。"明日遣人聘之，一言而合。询其生，与妇死年月日正同云。

吕氏曰：梁氏全夫之智，临变不迷，从一之贞，再生不易。事不必其有无，然金石之操，两世犹事一夫。世顾有事一夫而怀二心者，梁氏传不可不读。

**【注释】** ①绐：古同"诒"，欺骗；欺诈。

**【译文】** 宋朝末年有一梁氏，临川人。她嫁给了王家做妻子才几个月，就碰到了元朝的军队打来了。梁氏就和丈夫约定说："看来我肯定会死在元军的手里了。以后如果你要再娶，一定要告诉我。"没多久，夫妇两人就被元军捉住了。元军的一个千户，想要纳梁氏为妾。梁氏骗那军官说："我和丈夫一起被抓来，让我侍奉两位夫君，于情于礼都不合适，如果你放了我丈夫，我就答应你。"千户答应了她，放她丈夫走了。等丈夫走远估计追不上以后，梁氏就不再顺从千户，并且大骂起来，结果被千户杀死了。过了些年，她的丈夫想要再娶，但是几次议婚都没能够成功，因此他想起了妻子曾经对他说的话，就赶紧把想再娶的事情祭告了妻子。夜里就梦见妻子对他说："我死了以后，已经投生到了某家，今后还会再做你的妻子。"她的丈夫醒来，第二天就托人去这家提亲，果然一说就成功了，问起那个女孩生下来的日子，刚巧就是梁氏死的那天。

吕氏说："梁氏用智谋保全丈夫，临危不乱。她从一而终的贞操，经过再次投生依然不改变。我无从考证此事的真伪，只是梁氏坚守贞操，如同金石般坚固，隔了两世投生，还来侍奉同一位丈夫。相比世间有的女子，侍奉一个丈夫还怀有二心，她们真该看看梁氏的传记啊！"

谭烈妇赵氏，吉州永新人。元兵破城，赵氏抱婴儿，随其舅姑，同藏乡校中。为悍兵所执，杀其舅姑。又执赵欲污之，不从，恐之以刃。赵骂曰："吾舅死于汝，吾姑又死于汝，与其不义而生，宁从吾舅姑死耳。"遂与婴儿同遇害。血渍文庙两楹之间，八砖宛然妇人抱婴儿状。磨以沙石不去，锻以石炭，其状益显。

吕氏曰：舅姑之血，岂不溅染砖石，然已泯没<sup>①</sup>。而烈妇婴儿，血状宛然，磨而益著。贞心为血，贯彻金石，理固然耳。

【注释】①泯没：消灭，消失。
【译文】宋朝末年谭家的媳妇赵氏，是永新地方的人。元兵攻入了永新的县城，赵氏抱了初生的婴儿，跟着公公婆婆躲在乡校里。元兵发现并抓住了他们，把她的公公婆婆杀了，又要奸污赵氏，赵氏不从。官兵就用兵刃恐吓她。赵氏骂着说："我的公公死在你们的手里，我的婆婆又死在你们的手里，与其丧失道义地活在世上，还不如跟着公公婆婆一同死去的好。"于是和婴儿一同被元兵杀了。她的鲜血溅染文庙两根柱子间的地面八块砖，砖上竟然出现一个女子抱着小孩的形状。用砂石来打磨，那个形迹也磨不掉。用炽热的炭来烧，那个形迹竟然更加明显了。

吕氏说：赵氏公婆的血，难道不会溅到砖石上面吗？但是很快就消失了。而烈妇赵氏和婴儿的血迹构成的影像却清晰可见，而且历久不灭；用砂石来打磨，反而越磨就越清楚。由此可见，一颗坚贞的心所化成的血，足以贯穿金石，这是有一定的道理啊！

教女遗规

潘氏字妙圆，山阴人。适同邑徐允让。甫三月，值元兵围城，潘同夫匿岭西，贼得之，允让死于刃。执潘欲辱之，潘颜色自若，曰："我一妇人，家破夫亡。既已见执，欲不从君，安往？愿焚吾夫，得尽一恸，即事君百年无憾矣。"兵从之，乃为坎燔柴①。火正烈，潘跃入烈焰而死。

吕氏曰：济变以才，含情以量，使妙圆骂贼不屈，岂不获死？而夫骨谁收，又安得同为一坎之灰耶？哀惧不形，安详以成其志，圆也可为丈夫法矣。

【注释】①燔柴：古代祭天仪式。将玉帛、牺牲等置于积柴上而焚之。

【译文】潘氏，字妙圆，是山阴人。她嫁给了同乡的徐允让。刚结婚不到三个月，就遇到了元兵围城，潘氏和丈夫一起藏在了岭西一带，但二人不幸被贼人抓获，允让被贼人用刀杀死。元兵又想玷污潘氏，但潘氏镇定自若，对贼人说："我一个妇人，家庭也破败了，丈夫又死了。现在既然已经被你们抓到，如果不顺从您的话，又往哪里逃呢？但愿您能够帮我把我丈夫火化了，让我为他大哭一场，那我就是侍奉您一百年也没有遗憾了。"贼人答应了她，让她为丈夫挖了坑，置了燔柴。当火烧得正旺的时候，潘氏突然跳进火中，自焚而死。

吕氏说：处变时不惊慌，机智应对；心怀忠于丈夫之情，酌情思考。如果当时妙圆是痛骂贼人，不屈从，难道不会被杀死？那样的话，她丈夫的尸首谁去收？她又怎么能和丈夫化为同一坟墓的骨灰？潘氏能使哀伤和恐惧不表露在脸上，沉着平静地完成了自己的志愿。妙圆的行仪真值得大丈夫们去效法啊。

赵淮，长沙人。德佑中携妾戍银树坝。元兵至，俱执至瓜洲，元将使淮招李庭芝降，淮不从，为所杀，弃尸江滨。妾入元军，泣曰：

"妾夙事赵运使,今尸弃不收,情不能忍,愿得掩埋,终身事公,无憾。"元将怜之,使数兵舆至江上。妾聚薪焚淮骸骨,置瓦缶中,自抱持,操小舟至中流,仰天恸哭,跃水而死。

吕氏曰:淮之忠,妾之节,读之俱堪泪下,使妾也骂贼而死,则淮骨终无人收矣。哀言感动,元将为怜,淮葬江心,妾全首领,处变不当如是耶。

【译文】赵淮,长沙人。宋德佑年间,他带着自己的妻子去守卫银树坝。当时元兵攻打了进来,赵淮被捉拿至瓜洲。元军将领让赵淮去招降李庭芝,但是赵淮不从,最后被元兵杀害了,尸体抛在了江边。赵淮夫人来到元军将领面前,哭着说:"我一直都侍奉自己的夫君,现在他的尸体被抛到河边,没人去收,情不能忍,我希望能够把他掩埋了,将来就是终身侍奉您,我也没有遗憾。"元将听后起了怜悯心同意了她的请求,派了几个士兵在江上看守。赵淮夫人聚集了柴火,火化了赵淮的骸骨,将骨灰放入一个瓦罐中,然后她亲手抱着,驾小船来到江中心,仰天恸哭,抱着她夫君的骨灰跳入江水而死。

吕氏说:赵淮的忠心,他妻子的气节,读了都让人感动得泪流不止!假使他的妻子也因大骂贼人而死,那么赵淮的尸骨最终就无人收葬了。赵淮妻子悲伤的言语让人感动,元军将领很可怜她,赵淮最终被葬在江心,他的妻子自己也得以保全身体,面对变乱时难道不应当这样吗?

守节之妇。视死者之难,不啻十百,而无子女之守为尤难。余列之死者之后,愍死者之不幸也。天地常经,古今中道,惟守为正,余甚重之。

【译文】守节之妇,为保全贞节而视死如归,确实不容易做到。历史上像这样的例子也不过数十上百人。而那些没有子女而能守寡的妇人就更难了。我之所以将守节之妇，列在死节之妇后面，是为了悲愍死者的不幸。在天地亘古不变的规律、古今中正的道理中，惟以"守"为正道，我非常敬重守节之妇。

高行者，梁之寡妇也。荣于色，美于行。夫早死不嫁。梁贵人争欲取之，不能得。梁王闻之，使相聘焉，再三往。高行曰："妾夫不幸，先狗马填沟壑①。妾养其幼孤，势难他适。且妇人之义，一醮不改。忘死而贪生，弃义而从利，何以为人？"乃援镜持刀，割其鼻，曰："妾已刑矣。所以不死者，不忍幼弱之重孤也。且王之求妾者，非以色耶？刑余之人，殆可释矣。"相以报王，王乃免其丁徭，号曰高行。

吕氏曰：王侯不能夺其守，况卿大夫乎？坚于金石，凛若冰霜，吾于梁寡妇见之。

【注释】①填沟壑：谓填尸于沟壑。指死。多用作婉辞。

【译文】高行，是周朝时梁国的一个寡妇，容貌十分美丽，而且行为也非常端正。她的丈夫很早就过世了，她（独自抚养儿子）决心不再嫁人。当时许多梁国达官贵人都想娶她，却都没能成功。后来梁王听到这个消息，就差遣官员去下聘，多次未能成功。高行说："我的丈夫不幸，先于我早早去世了。我还要养育他的孩子，这样的情况不允许我再嫁。而且我知道做妇人的道义，是要从一而终的，应该要保全贞信的名节。现在如果忘记了死去的丈夫，再去另嫁他人；为了利益，而抛弃了大义，怎么还能够做人呢？"于是就对着镜子拿起刀把鼻子割了，说："我已经是受过割鼻刑罚的人了，之所以不死，是因为不忍心丢下幼小的孤儿呀。况且大王您想要我，不是为了美色吗？现在我已是受过刑罚之人，大王可以放过我了吧？"官员回去后如实告诉梁王，梁王听后免了她终身的徭役，称她是一个有高尚品行的妇人，赐给她"高行"的封号。

吕氏说：王侯都不能够改变她守节的志愿，更何况是卿大夫呢？什么叫作心志比金石还坚硬，比冰霜还寒冷，我在梁国寡妇身上看到了。

魏夏侯氏，名令女，方适<sup>①</sup>曹文叔，而文叔死。令女年少，无子，父母欲嫁之，令女乃断发为信。后曹氏灭族，父母以其无依，必欲嫁之。令女又截其两耳，断其鼻，以死自誓。蒙被而卧，血流满床席。家人叹而谓之曰："人生世间，如轻尘栖弱草耳，何辛苦如是？且夫家夷灭<sup>②</sup>已尽，守此欲谁为哉？"令女曰："吾闻仁者不以盛衰改节，义者不以存亡易心。曹氏前盛之时，尚欲保终，况今衰亡，何忍弃之？禽兽之行，吾岂为乎？"

吕氏曰：曹爽之族赤<sup>③</sup>矣，独令女在，父母是依，盖朝夕以必嫁为心者也。设令女不毁其形，使不可嫁，宁免夺志之谋乎？令女苦节，盖不得已耳。

**【注释】**①适：嫁。②夷灭：消灭；杀尽。③赤：空无所有。

**【译文】**三国时魏国有一个复姓夏侯名叫令女的女子，刚嫁给曹文叔，曹文叔便去世了。令女当时年纪还很小，并且没有儿子。她的爹娘想要她再嫁，令女就断发表示自己心意已决，誓不再嫁。后来曹家被灭族了，她的爹娘害怕她没有依靠，一定要让她嫁人。令女不得已就割下了两只耳朵和鼻子，发死誓不再嫁。她蒙被而卧床，血流满了整个床。家里人感叹着对她说："人活在世间，就像微尘栖息在弱小的青草身上，何必活得这么辛苦呢？而且您丈夫家已经灭族了，您这又是给谁守节呢？"令女说："我听说仁人不会因为盛衰而改变自己的气节，有义的人不会因为存亡而改变其心。曹家从前兴盛时，我尚且要为它守节到终，更何况是他们家现在衰亡了，只剩下我一人，我又怎么忍心再抛弃它呢？这是禽兽的行为，我怎么能够去做呢？"

吕氏说：曹文叔的家族灭亡，唯独令女一人还在，只有依靠父母，而父母早晚都逼着让她再嫁。如果她不毁容貌的话，又怎能避免父母逼她改嫁的结局呢？令女之守节守得这样艰苦，也是逼不得已呀。

刘长卿妻桓氏，生男五岁，而长卿卒。桓氏防远嫌疑，不肯归宁①。儿年十五夭死。桓氏虑不免，乃割其耳以自誓。邻妇相与悯之，谓曰："夫亡子死，无以养节，何贵义轻身若此哉？"对曰："昔我先君五更②，学为儒宗，尊为帝师。五更以来，男以忠孝显，女以贞顺称。《诗》云：'无忝尔祖，聿③修厥德。'是以预自刑劓④，以明我情。"沛相王吉，上奏高行，显其门间，号曰行义桓嫠。

吕氏曰：桓氏寡居守礼，十年不归宁，可谓远嫌之至矣。礼有大归女，丧与在室同之文，桓也即依父母家，何害哉？胡天不福有德，竟令不嗣，至所称不辱先人，则锡光乃父，家教所从来矣。

**【注释】**①归宁：回家省亲。多指已嫁女子回娘家看望父母。②五更：古代乡官名。用以安置年老致仕的官员。③聿：古汉语助词，用在句首或句中。④刑劓：犹割剪。

**【译文】**汉朝刘长卿的妻子，是桓鸾的女儿。当他们的儿子五岁时，刘长卿就亡故了。桓氏因为避免嫌疑起见，就不肯回娘家去。她的儿子十五岁的时候又死了，桓氏为表明守义的誓愿，就自己割去了耳朵。同族的妇人们很可怜她，对她说："您的丈夫和儿子相继死去，没有让你为他守节的人了，何必因为过于重义而不顾自己到这个地步呢？"桓氏说："从前我的父亲担任过五更，他的学问渊博，是大儒家，贵为皇帝的老师。自从他任五更以来，我们家里男的都因为忠君孝亲扬名,女的都因为贞节柔顺见称。《诗经》里说:'不要侮辱了祖先的名声,要时刻修养自己的德行啊。'所以我预先割去耳朵,来表明我的志愿。"当地的长官王吉,把她的高行上奏朝廷。后来皇帝知道了,就在桓氏家乡旌表,称赞她为"行义桓嫠"。

吕氏说:桓氏寡居遵守礼仪,十年不回娘家,以避免嫌疑,真是难能可贵到了极处。古礼中有已嫁妇女丧夫后若返回娘家度日,在相关礼节方面可视同未嫁女子一样的文字。桓氏即便投靠了娘家,也没有什么妨害。没想到上天没有及时降福给这样的有德之人,让她最后连儿子也没有保住。她最终没有辱没自己的先人,决志守节,终于受到朝廷的嘉奖,也为自己父亲的脸上增了光这都是她从小受到父亲良好的家庭教育的结果啊。


魏溥妻房氏,贵乡太守房湛之女也。幼有烈操,年十六而溥疾,且卒,谓之曰:"死不足恨,但母寡家贫,赤子①未岁,抱恨于黄垆耳!"房垂泣对曰:"幸承先人余训,出事君子,义在偕老。有志不从,命也。今夫人在堂,弱子襁褓,不能以身相从,而多君长往之恨,何以妄为? 君其瞑目。"溥卒,将大敛②,房氏操刀割左耳,投之棺中,曰:"鬼神有知,相期泉壤。"流血淋漓。姑刘氏,辍哭而谓曰:"何至于此?"对曰:"新妇年少,不幸早寡。实虑父母未谅至情,持此自誓耳。"闻者莫不感怆,竟守志终身。

吕氏曰:房氏年才十六年,抚孤养母,守节终身,岂不难哉? 割耳投棺,一以成永诀之信,一以息夺嫁之谋,贞妇之心,金石同砺矣。


【注释】①赤子:刚生的婴儿。②大敛:指把尸体放入棺内。

【译文】魏溥的妻子房氏,是贵乡太守房湛的女儿。房氏从小就很有操守,十六岁就嫁给魏溥,没过多久魏溥就生病去世了,去世之前对他的妻子说:"我死没什么遗憾,只是家有母亲守寡,家里又穷,我们孩子刚刚生下来未到一岁,我怕抱恨于黄泉之下呀。"房氏哭着对他讲:"我接受过父母的教诲,懂得道义,嫁给你本来就是要跟你白头偕老的,但是现在不能如愿,这也是我的命。现在婆婆还健在,孩子还弱小,所以不能追随夫君共赴黄泉,那样只会多增夫君的遗憾。除了赡养母亲和抚养孩子,我还会做什么呢?你就放心去吧。"说完之后魏溥就去世了,将要入敛的时候,房氏拿刀把自己的左耳割了下来,扔到了棺木里面,对着丈夫尸体说:"我誓不再嫁之心鬼神可知,将来我们在黄泉再相见吧。"房氏的伤口鲜血淋漓,婆婆刘氏看到,连忙停住了哭泣,对她说:"你何必要这样呢?"房氏说:"我刚嫁到您家不久,不幸这么早就成了寡妇。实在是担心父母不了解我为丈夫守节的志向,所以发下这样的誓愿。"听了她这番话的人没有不被感动的,房氏真的终身践行了她的志愿。

吕氏说:房氏才十六岁,便独自抚养孤儿赡养婆婆,终身守节,这不是常人很难做到的吗?割掉耳朵放进丈夫棺材里,一来成全了她和丈夫永别时的誓言,一来断掉了别人想让她改嫁的念头。这个贞节妇人的心,就像金石一样经得起磨砺啊。


王凝,家青齐间,为虢州司户参军,以疾卒于官。家素贫,一子尚幼。妻李氏,携其子,负凝遗骸以归。东过开封,止于旅舍,主人不纳。李氏顾天色已暮,不肯去,主人牵其臂而出之。李氏仰天恸曰:"我为妇人,不能守节,而此手为人所执耶!"即引斧自断其臂,见者为之叹惜[①]。开封尹闻之,白其事于朝,厚恤李氏,而笞其主人。

吕氏曰:男女授受不亲。故嫂溺始援之手,苟不至溺,两手不相及也。李氏以引臂为污,遂引斧断之。岂不痛楚?义气所激,礼重于身故耳。可为妇人远别之法。

【注释】①叹惜: 嗟叹惋惜。

【译文】五代后周的王凝, 家住青齐间, 是虢州的司户参军, 后来因病死在任上。他家素来清贫, 而且还有一个年幼的儿子。王凝的妻子李氏便带了她的小儿子, 奉了丈夫的灵柩回原籍安葬。路过开封时, 停住在客栈。店主人因为她有丧, 所以不肯让她寄宿。李氏因为天色已经很晚了所以不肯走, 店主人于是就牵了她的手臂, 硬把她拉出门外。李氏仰天大哭说: "天啊! 我作为妇人, 竟然不能为亡夫守节, 这只手怎么能让别的男人拉呢?"就用斧头把自己被店主拉过的手臂砍了下来, 旁边围观的人群见了都为她感到嗟叹惋惜。开封府尹知道了这件事, 就奏明朝廷请求旌表。朝廷给了李氏丰厚的抚恤, 并且把店主人痛打了一顿。

吕氏说: 男女授受不亲, 所以嫂子溺水才能拉手相救, 如果不是溺水, 两手是不能碰触的。李氏以被别的男人拉胳膊为耻辱, 所以拿斧头砍断了胳膊, 来去除污辱。难道这不痛吗? 这是因为被守节的义气所激, 认为礼义远比身体更重要的缘故啊! 这件事可以为妇人家在男女有别这方面做个很好的借鉴。

王氏, 睢阳人, 赵子乙之妻也。子乙早死, 王氏誓不改嫁。靖康之乱, 自以年少有姿, 行节难保, 乃以垩土涂面, 蓬头散足, 负姑携幼子, 避地而南, 人无犯之者。流离四年, 至温陵, 徙居于蒲, 终身清白。

吕氏曰: 冶容诲淫①, 王氏知之矣。西施为无盐, 岂不在我? 奈何以一面目, 贾一身之祸哉? 烈女智不及此, 诚可悲矣! 吾表王氏, 以为美妇女避乱之法。

【注释】①冶容诲淫: 冶容, 艳丽的容貌; 诲, 诱导, 招致; 淫, 淫邪。

指女子容貌美艳，容易招致奸淫的事。出自《周易·系辞上》："慢藏诲盗，冶容诲淫。"

【译文】宋朝王氏，睢阳人，是赵子乙的妻子。子乙很早便去世了，王氏发誓再不改嫁。靖康之乱后，她因为自己年轻，并且姿色姣好，担心品节在那样的环境中难以保全，于是便用垩土涂抹在脸上，每日蓬头垢面，赤着脚，看起来非常狼狈。她背着婆婆带着年幼的儿子，逃往南方，一路并没有人去侵犯她。流离奔波了四年，到达了温陵，最后迁居在蒲这个地方，得保终身清白。

吕氏说：女子容貌美艳，容易招致奸淫的事。王氏很清楚这点啊！要想将西施一样的美貌变得像无盐女一样的丑陋，难道不都在于自己吗？为何要用一个漂亮的姿色去给自己惹来一身的灾祸呢？许多贞烈的女子不能想到这一点，是多么可悲啊！我赞扬王氏，是为了给美貌的妇女提供一个用来避乱的方法。


郑廉，唐人。妻李氏，年十七，嫁廉。一岁而廉死，李守志不移。夜梦一男子求妻，初不许。后数夜梦之。李曰："岂容貌犹妍①，招此邪魇②耶？"即断发垢面、尘肤敝衣③，自是不复梦。备尝甘苦，守节终身。刺史白其操，号坚正节妇。

吕氏曰：梦非真也。苟不失真，梦亦何害？李氏犹以为恨，而毁容以绝梦焉，如此贞心，即燕雀当不入门，何物男子，敢生邪念哉！

【注释】①妍：美丽。②魇：梦中惊叫，或觉得有什么东西压住不能动弹。③敝衣：破旧衣服。亦指穿戴破旧。

【译文】郑廉，唐朝人。他的妻子李氏，十七岁时便嫁给了他。结婚一年后郑廉便死了，李氏为他守节，心志坚定不移。一天晚上，李氏梦见一个男子恳求她做他的妻子，第一次她没有答应，可此后多个夜晚她都梦见那个男子。李氏便想："难道是容貌姣好，才招致这样的恶梦吗？"于是当即割断头发，弄脏脸面、皮肤，穿破旧的衣服，从此后竟不再做那个梦了。尝尽了世间甘苦，她终于得以终身守持名节。当地刺史向朝廷陈奏了她保全节操的事迹，朝廷称颂她为"坚正节妇"。

吕氏说：梦并非是真的。如果不是真的失去了节操，梦中之事又有什么危害呢？但李氏却还是痛恨做这样的梦，进而毁坏容貌以断绝梦魇。这样坚贞不移的心志，即使是燕雀都不会入门侵扰，还有什么样的男子，敢心生邪念呢？

贤妇。爱夫以正者也。成其德，济其业，恤其患难，皆正之谓也。

【译文】贤妇，指的是那些能以正道爱自己丈夫的人。成全丈夫高尚的品德，成就丈夫的事业，体恤丈夫并能与他共患难。这些都是正道的表现。

高睿妻，秦氏女也。睿为赵州刺史，为默啜①所攻。州陷，睿仰药②不死。众舁③至默啜所。默啜示以宝刀异袍，曰："尔欲之乎？降我当赐尔官。不降且死。"睿视秦，秦曰："君受天子恩，贵为刺史。城不能守，乃以死报，分也。即受贼官，虽阶一品，何荣之为？"自是皆瞑目不语。默啜知不可屈，乃并杀之。

吕氏曰：高睿仰药，固慷慨杀身之志也。及被执而迫以利害，有徘徊心焉。向非秦氏以大义决之，安知不失身二姓乎？不为威怵，不为利诱，此大丈夫事也，乃妇人能之。呜呼，烈矣！

【注释】①默啜：唐时东突厥可汗。姓阿史那氏，名环。骨咄禄弟。天授二年(691年)立，称阿波干可汗。②仰药：服毒药。③舁：带，载。

【译文】高睿的妻子，是秦氏的女儿。高睿为赵州刺史时，突厥可汗默啜带兵围攻，赵州被攻陷。高睿想喝毒药寻死没有死成，与他的妻子秦氏一同被带到了默啜的帐内。默啜拿出宝刀和异族的官袍两样东西给他看，对他说："你想要这些吗？倘若你愿意投降就赏赐你官爵，否则就把你杀了。"高睿看看他的妻子秦氏，秦氏就对他说："你受了皇帝的恩典，贵为赵州刺史。现在，失了城池，应当以死来报答皇上，这是你应做的事。倘若你受了贼人的官爵，即使官至一品，又有什么荣耀呢？"从这一刻起，他们夫妻两人就都闭上了眼睛，不发一言。默啜知道不能够让他们屈服，于是把他们一起杀了。

吕氏说：高睿服毒药自尽，固然有慷慨杀身报国的志向。然而被俘后，被绑着以利害相逼迫，就有了犹豫的心理。如果不是秦氏用大义来开导他，又怎知道他不会失身服事二主呢！不被威逼所迫，不被利益诱惑，这是大丈夫应做的事啊，妇人竟然也能做到。哎，秦氏真是贞烈呀！

冯昭仪①者，汉元帝之昭仪，光禄勋冯奉世之女也。初入宫为婕妤②，生中山王。建昭（元帝年号）中，上幸虎圈，斗兽，后宫皆从。熊走出攀槛欲上殿，左右贵人皆惊走，婕妤当熊而立。左右格杀熊。天子问："汝独不畏熊耶？"对曰："妾闻猛兽，得人而止。妾恐至御坐，故以身当③之。"元帝嗟叹，以此敬重焉。

吕氏曰：妇人多畏，冯昭仪之当熊，忠义所切，遂不暇畏耳。

【注释】①昭仪：皇帝妃嫔封号之一。汉元帝时始置，原为妃嫔中的第一级。自魏晋至明均曾设置，但地位已经下降。②婕妤：古时宫中的女官名，是妃嫔的称号。③当：通"挡"。

【译文】冯昭仪，是汉元帝的昭仪，光禄勋冯奉世的女儿。初进宫为婕妤时，她生下了中山王。建昭时期，汉元帝到虎圈里去看斗兽，后宫里的人，都跟着去看。忽然有一只熊逃出了圈外，攀着栏槛要跑到殿上来。后宫里的人个个都惊惶失措地逃走了，独有冯婕妤一个人挺身上前，挡在熊面前。左右卫士上来把这只熊杀死了。汉元帝就问她："你为什么能独自挺身上前挡住那只熊，一点也不怕呢？"冯婕妤回答说："我听说无论什么猛兽，只要得到一个人就会止步。我因为害怕这只熊侵犯到皇上，所以才拿自己的身体去挡它。"汉元帝听了很感叹，便加倍地敬重她，后来立她做昭仪。

吕氏说：妇人大多胆小怕事。冯昭仪之所以能这样挡着熊，是忠义之心真切，所以顾不上畏惧罢了。


守礼之妇。谨敕身心，慎修名节，一言一动，必合于礼而不苟。


**【译文】**守礼之妇，说的是那些能够谨慎整饬自己身心，慎重修持名节的人。她们的一言一行，必是合于礼节，一点都不会马虎。


贞姜者，齐侯女，楚昭王夫人也。王出游，留夫人渐台之上。江水大至，王使使者迎夫人，忘持符。使者至，请夫人出。夫人曰："王与宫人约，召必以符。今使者不持符，妾不敢从。"使者曰："水方亟，还而取符，来无及矣。"夫人曰："妾闻贞者不犯约，勇者不畏死。妾知从使者必生，然弃约越义，有死不为也。"于是使者取符，比至台崩，夫人溺而死焉。王哀之，号曰贞姜。

吕氏曰：贞姜可谓杀身以成信矣，待符而行，昭王之信也。无论狡伪之徒，假将王命，即王命真耶，非其初约，为贞姜者，有死而已，断断乎不可行也！或曰："贞姜随使者而来，昭王罪之与？"曰："王惧其死而方喜其来也，奚罪？"虽贞姜亦信其从召而王不罪己也，以信成君，以礼持己，故宁死而不往耳。

【译文】贞姜，是齐侯的女儿，楚昭王的夫人。有一天，楚昭王到外面游玩，把贞姜留在渐台上。没想到刚好逢上江里发大水，快要把渐台淹没了，楚昭王就差人去接贞姜，可是忘记了拿信符。派去的人到达后，请夫人离开。夫人说："楚王过去对我们说过，王派人传唤我们时，一定会带上信符。现在你没有信符，我不能跟你走。"差来的人说："大水要淹没渐台了，如果我再回去拿信符来，就来不及了。"贞姜说："我听说守贞之人不会违约，勇敢的人不会怕死。我知道跟随你离开这里必定能活命，但是那样就背弃了约定，违反了道义，我宁可去死，也不会那样做的。"差来的人听她这样说，就只得赶紧回去拿信符。然而等到拿来信符以后，渐台也已经被大水冲垮了，贞姜因此也被淹死了。楚昭王非常痛惜，赐给她"贞姜"的封号。

吕氏说：贞姜可以说是以杀身来成全信义的啊！要等到信符才离开，这是昭王和她的约定。不管是狡诈虚伪的人，假传昭王的命令，还是昭王的真命令，不是他最初的约定，那么贞姜只有等死罢了，没有信符她是不会离开的啊！有人说："贞姜跟随使者回来，昭王会怪罪她吗？"答："楚昭王害怕她死，正希望她能回来，哪里会怪罪呢？"贞姜也知道这样回去以后大王也不会怪罪自己，但是她要凭着信用成就君主，用礼节来维护自己的操守，因此她宁可死也不随使者回宫。

荆国大长公主，宋太宗女也。真宗时，下嫁驸马都尉李遵勖。旧制选尚①者，降其父为兄弟行。时遵勖父继昌无恙，主因继昌生日，以舅姑礼谒之。帝闻之喜，密以缣（音兼，并丝缯也）衣宝带器币助为寿。信国长公主，宋神宗女也。崇宁三年，下嫁郑王潘美之曾孙名意。事姑修妇道。潘故大族，夫党数百人，宾接皆尽礼，无里外言。志尚

115

冲澹<sup>②</sup>，服玩<sup>③</sup>不为纷华，岁时<sup>④</sup>简嬉游，十年间，惟一适西池而已。

吕氏曰：妇道之衰也久矣。贵族之女嫁贱，富室之女嫁贫，则慢视舅姑，轻侮夫婿。舅姑夫婿，亦不敢以妇礼责之。见夫党尊长，则倨傲轻浮，此皆无知俗女，有识者为之叹笑，而彼方志骄意得，腼不知愧，则不肖父母之所骄也。今观荆国、信国两公主，克谨妇道，如民间子，可谓千古贤人矣。吾录之以为挟富贵女子之劝。

【注释】①尚：专指娶公主为妻。②冲澹：冲和淡泊。③服玩：服饰器用玩好之物。④岁时：一年，四季。

【译文】宋朝的荆国大长公主，是太宗皇帝的女儿，真宗时嫁给了都尉李遵勖。依照从前制度，凡是娶了公主的人，对父亲的礼节必须降为对待兄弟的礼节。当时李遵勖的父亲李继昌还健在，荆国公主在她公公李继昌生日的那一天，就用媳妇见公婆的礼节去拜见了他。真宗皇帝得知了这件事，非常高兴，就暗地里送了荆国公主许多绢做的衣服、宝带、器皿、金币等，为她公公过寿。信国长公主，是宋神宗的女儿。崇宁三年，她嫁给了郑王潘美的曾孙潘意为妻。信国长公主努力侍奉公婆，修持妇道。潘家乃是一个大族人家，族人有几百，长公主都以宾客的礼节来对待他们，内外都没有说她不好的。信国长公主崇尚冲和淡泊，服饰器用玩好之物等不求奢华；一年四季很少嬉游，十年之间，也只到西池去过一次而已。

吕氏说：妇道衰落已经很久了。贵族女子嫁给低贱人家，或者富有的女子嫁给贫穷的夫家，都会慢待公婆，轻视夫婿，而公婆、夫婿也不敢以妇礼来要求她。见了夫家亲族长辈，也是高傲轻浮。这些都是无知的女子啊，只会被有见识的人嘲笑，而她们自己却仍骄傲自得，腼不知羞，这是效法那些不肖父母的骄慢的结果。现在看看荆国、信国的两位公主，她们能如此克尽妇道，像平民百姓的孩子一样，可以说是千古难得的贤妇呀！我辑录她们的事迹，只是想以此劝告那些以富贵自恃的女子啊！

柳公绰妻韩氏，相国休之孙女。家法严肃，俭约，为缙绅①家楷范。归柳氏三年，无少长，未尝见其露齿。常衣绢素，不用绫罗锦绣。每归宁，不坐金碧舆。只乘竹兜子，二青衣步屣以随，常命粉苦参、黄连、熊胆，和为丸，赐诸子永夜②习学，含之以资勤苦。

吕氏曰：相国孙女，节度使之夫人，金舆绣服，本不为侈。乃独俭素自持，言笑不苟，岂惟韩氏贤？二公家法，可概知矣。近世妇女，罗珠刺绣，满箧充奁，大袖长衫，覆金掩彩，互美争学，日新月异，有甫成而即毁者。无识男子，日悦妇人之心而不足，安望以节俭率之哉！德不如人，而衣饰是尚，家不能治，而容冶相先，皆柳夫人之罪人也。

【注释】①缙绅：插笏于绅带间，旧时官宦的装束。亦借指士大夫。②永夜：长夜。

【译文】唐朝节度使柳公绰的妻子韩氏，是宰相韩休的孙女儿。她治家严谨庄肃，俭省节约，堪称士大夫家族中的模范。嫁到柳家三年，无论老少，都没有见她露齿大笑过。她平时常穿素布衣服，不穿绫罗锦绣衣服。每次回娘家探望父母时，不坐豪华大轿，就乘一竹轿，两个随行的人穿着青布衣步行跟在后面。她经常用苦参、黄连、熊胆捣成粉，做成丸药，分给儿子，以便晚上长夜学习时含在口里，来激励他们更加勤奋读书。

吕氏说：韩氏身为相国孙女，节度使夫人，穿锦服坐豪车，本来不算奢侈。但是她却自守着朴素俭约，不苟言笑，这怎么能说只是韩氏贤慧呢？柳、韩两家的家教也可见一斑了。近世的妇女，穿着绫罗刺绣，箱里堆满了装饰的物品，各种华美的衣服，戴着贵重首饰，争鲜斗艳，互相美慕，互相攀比，日新月异，有的刚买来就立刻毁掉了。没有识见的男子，每日看到妻子的这种行为高兴还来不及，又怎么能够督率她们节俭呢？德行不如人，却追求衣裳服饰华丽；家务不能打理，却天天争相对镜修饰妆容，比起韩氏，她们真是罪人啊！

　　明达之妇。见理真切，论事精详，有独得之识，有济变之才，亦妇人之所难也。

　　【译文】明达之妇，知晓事理，见识深切；论事精确、详尽，见识独到，有拯济乱世的才能。这些也是妇人难得的素质。

　　徐吾者，齐东海上贫妇人也。与邻妇李吾之属，会烛夜绩。徐吾最贫，而烛数不继。李吾谓其属曰："无与夜（不容同夜）也。"徐吾曰："是何言与！自妾之会烛也，起常先，息常后，洒扫陈席，以待来者，食常从薄，坐常处下，为烛不继之故也。夫一室之中，益一人，烛不为暗；损一人，烛不为明。何爱东壁之余光①，不使贫妾得蒙见哀②之恩，长为仆役之事乎？"李吾莫能应，遂复与夜，终无后言。

　　吕氏曰：有余者，当以分人，是谓不费之惠；不足者，当知度己，是谓自善之术。世未有不相资而能相久者也，若徐吾者，可以为法矣。

　　【注释】①东壁之余光：东邻墙壁上透过来的光。表示对他人有好处而对自己并无损害的照顾或好处。典故出自《史记·樗里子甘茂列传》。②见哀：指受到爱怜。哀，通"爱"。
　　【译文】徐吾，是齐国东海边的一贫穷妇人。她常与邻居妇女李吾等，一起晚上点着蜡烛纺绩织布。由于徐吾家里最穷，总是不能按时按数凑齐蜡烛。李吾便对其他邻里说："徐某多次都没交蜡烛，咱晚上别叫她来了。"徐吾听到这话，说："你这话怎么说的呢？自从我和大家一起凑蜡烛以来，我常常是最先来的，最后休息的。我打扫房间，摆设饭席，以待来的各位姐妹，吃的也常常很少，坐时也常坐在最外边。这都是因为我凑不上蜡烛的缘故。再说，一间屋子中，多一个人，光线也不会更暗；少一个人，光线也不会更亮。又何必吝惜这点儿光亮，不让我这贫女得到大家的一点同情而可以长期为大家做点杂务呢？"李吾听了无言以对，于是徐吾又得以晚上和大家一起做针线活，别人再也没有说闲话。

吕氏说：物品若有多余，可以分给别人，这是不花代价而给予别人的好处；若是财物不足，应当正确估量自己，这就是自我保护的方法。世间没有不靠互相资助而能够长久的，像徐吾那样，是值得大家效法的！


狄仁杰为相。有卢氏堂姨，居桥南别墅①，姨止一子，未尝入都城。狄仁杰每伏腊晦朔②，修馈甚谨。尝休暇，候姨安否。适见表弟挟弓矢，携雉兔，来归进膳。顾揖仁杰，意甚轻简。仁杰因启姨："某今为相，表弟何乐？愿悉力从其旨。"姨曰："相自为贵尔。姨止有一子，不欲令事女主。"仁杰大惭而退。

吕氏曰：卢氏之贤明，不可及矣，不以贫贱托当路③之甥，世情所难。而不事女主一语，尤烈丈夫所难。轻于请托者，可以愧矣。

【注释】①别墅：本宅外另建的园林住宅。②伏腊晦朔：伏腊，指伏祭和腊祭之日或泛指节日；晦朔，农历每月末一日及初一日。③当路：掌握政权。

【译文】唐朝时候，狄仁杰做了宰相。他有个堂姨母卢氏，住在午桥南的一个别墅里。他的姨母只有一个儿子，不曾进过京城。狄仁杰每到伏祭和腊祭之日、每月初一和最后一日，总是很恭恭敬敬地把礼物送到姨母那儿去。有一天，正是衙门休息的日子，狄仁杰到卢姨母家问安，正看见他的表弟打猎回来，一只手拿着弓箭，一只手拿着山鸡、兔子，回家给母亲做饭菜。回头看见了狄仁杰，就向他作了一个揖，神态很是轻慢。狄仁杰就对姨母说："现在我做了宰相，表弟有什么愿望？我可以尽力给他办到。"姨母说："你当宰相，不过自己觉得尊贵罢了。你姨母只有一个儿子，不想叫他在女人手下做事。"狄仁杰听了他姨母的这番话，就非常惭愧地退下了。

吕氏说：卢氏的贤明是大多数人达不到的。不因为贫贱而请托自己当宰相的外甥，这是世之常人难以做到的。但是，不想让儿子服侍女皇帝这一句话，大丈夫都很难说得出来。现在那些动不动就到处请托的人，看到这里应该很是惭愧了吧。

姚妇杨氏，阉人符承祖之姨也，家贫。承祖为文明太后所宠，家累巨万。疏远亲姻，皆资借为荣利。杨一无所求，尝谓其姊曰："姊虽有一时之荣，不若妹有无忧之乐。"姊遗之衣服，不受，曰："我夫家世贫，美服非其所宜。"与之奴婢，不受，曰："食不能给。常着破衣，自执苦事。"承祖耻之，乃遣人乘车往迎，杨坚卧不起。从者强舁①舆上，则大哭曰："尔欲杀我耶！"符家内外皆笑，号为痴姨。及承祖败，诛及亲戚，杨氏以贫窭②得免。

吕氏曰：蝇集腥，蚁附膻，常胥③及焉。即承祖不败，而有义有命，彼富贵者，岂吾所宜资哉！杨姨不痴，不必验之成败间矣。

【注释】①舁：抬。②贫窭：贫乏，贫穷。③胥：全，都。

【译文】十六国时期北魏女子姚杨氏，是太监符承祖的姨妈，家中贫穷，没有产业。符承祖为文明太后所宠爱，家财万贯。亲戚人家为此都来向他借资求助，只有姚杨氏一无所求。她对她姊姊说："姊姊虽然享受了一时的荣华，不过还不及我没有忧愁的快乐啊。"她的姊姊送她衣服，她总是不要，她说："我家里贫苦，华美的衣裳穿在我们身上不合适。"又要送给她奴婢，依然不接受，说："饮食几乎都不能自给的人，应该经常穿着破衣裳，自己勤苦做事，哪里还养得起奴婢？"符承祖为此觉得羞耻，于是派人用车去迎接她，同享荣华富贵。车子到了，姚杨氏却躺着不肯起来。来人只好硬把她抬到了车子里。姚杨氏为此大哭着说："你们难道想要杀了我么？" 符承祖家里里外外的人看了都大笑，称姚杨氏为"痴姨"。等到后来符承祖失势获罪，他的亲戚都受到株连，只有姚杨氏因为家中贫穷而得以免除。

吕氏说：苍蝇只会聚集在有腥味的地方，蚂蚁只会依附在有膻味的地方，一般的人都是这样的啊。纵然是在符承祖没有失势的时候，作为他的姨母，也能够明白自己的道义和天命，别人家的富贵，又岂是自己所能依附的呢？姚杨氏并不愚痴，她不需要等到符承祖失势之后才明白这个道理。


郑氏，建州人也。南唐平建州，郑有殊色，禅将王建封逼之。劫以刃，不为屈。建封嗜人肉，略①少妇百许，日杀其一具食，引郑示之曰："惧乎？"郑曰："愿早充君庖，为幸多矣。"建封终不忍杀，以献查文徽。文徽甚爱之，百计必欲相从。郑大骂曰："王师吊伐，凡义夫节妇，特加旌赏，以风天下。王司徒出于卒伍，不知礼义，无足怪。君侯读圣贤书，为国大将，当表率群下，风示远人。乃欲加非礼于一妇人，以逞无耻之欲。妾有死而已，幸速见杀。"文徽大惭，下令城中，召其夫付之。

吕氏曰：郑所遇王查两将，皆羞恶之心未亡者，故得从容慷慨以免于难。向使节妇贞女，当被执之初，或陈说大义以愧之，或婉语悲情以感之，义理之心，盗贼皆有，宁必其无一悟者乎？要之身陷于贼，非死不足以成名，非骂不足以成死，彼怒心甚，则欲心衰，亦保节之一道。然吾窃有惧焉。一女子不能当两健儿，倘激其怒而必欲相辱，即死不足雪恨。以是知不如愧之感之之为得也。

教女遗规

**【注释】**①略：抢，掠夺。

**【译文】**郑氏，是建州人。南唐平定了建州，郑氏因貌美被抓。南唐国禅将王建封强逼她想做苟且之事，郑氏不肯屈服。王建封喜欢吃人肉，抓来了上百个妇人，每日杀一个供他食用，他引郑氏去那里观看，问她："你害怕吗？"郑氏说："愿我早日能够为您充饥，那将是最幸运的事情。"王建封最终不忍心杀她，就把郑氏献给主帅查文徽。查文徽看到郑氏也非常喜爱，千方百计想让郑氏从了自己。郑氏正色说道："朝廷出动军队来解救受苦的人民，讨伐有罪的统治者，应当褒奖尽忠的男子，旌表守节的妇人，来教化天下。王建封出身于军旅，他不知道礼义，这不足为怪。但是，君侯您饱读圣贤之书，是朝廷的大将，应当为自己的部下做出表率，向天下显示良好的风范。现在你却想对一个妇人非礼，来满足自己无耻的私欲。我只有一死罢了，请赶快杀了我吧。"查文徽听了很惭愧，就下令寻找她的丈夫，把郑氏还给了她丈夫。

吕氏说：郑氏所遇到的王、查两位将领，都是羞耻之心没有丧尽的人，所以能慷慨从容，幸免于难。假如贞女烈妇在被捕之时，要么陈说大义使人羞愧，要么婉言诉说哀伤使人感动。崇尚伦理道德的心理，强盗窃贼都有，难道就没有一个能醒悟的人吗？总之，只要身陷于贼手，只有死才可以保全名节，只有大骂才可以成全死志。这样贼人心里会大怒，那么他们的欲望之心就会衰减，这也是保全名节的一个方法。但是这样我心里依然感到担忧：一个女子再勇敢，也不能抵挡两个健壮男儿，假如激怒了他们而促使他们一定要羞辱她，即使死了也不能洗刷耻辱了。由此看来，还是不如向他们陈说大义使之羞愧、诉说哀伤使之感动得当呀。

颍上某为帅淮扬。有一仆号称骁勇①。过芒砀间，其地多盗。仆与妻前驱，至葭苇中。仆大呼曰："素闻此处多豪杰，何无一人敢与吾敌耶？"俄而葭苇②中数盗出，攻仆，杀之。仆妻跪贼恸哭，叩头感谢曰："妾本良家妇，被此人杀吾夫而掳之，无力复仇。大王今为吾断其首，妾杀身无以报大德。前途数里，吾母家也，肯惠顾③，当有金帛相赠。"贼喜而从之。至一村，保聚多人，外列戈戟。妇人走入，哭诉其故。保长赚贼入，就而擒之，无一人得免。

吕氏曰：仓卒之际，恐惧之心，智者且眩然失策，况妇人乎！乃能以节义之语，触群盗之怜，既免杀辱，又报仇雠，智深勇沉，烈丈夫所让，孰谓斯人而有斯识耶？

**【注释】**①骁勇：勇猛。②葭苇：芦苇。③惠顾：光临；惠临。

**【译文】**颍上有一个在淮扬为帅的人，他有一个仆人号称很勇猛。有一次仆人要经过芒砀，这个地方有很多盗贼。仆人与他妻子走在前面，来到了一片芦苇中。仆人大声呼喊说："向来听说这个地方有很多豪杰之士，为何没有一个人敢来与我一战呢？"一会儿芦苇中冲出了几个盗贼，攻向这个仆人并杀死了他。仆人妻子见状向贼人跪下恸哭，叩头感谢说："我本来是一良家妇女，被这个人杀了我丈夫而抢了去，无力为丈夫报仇。大王你们现在为我杀死了他，我不知道怎样才能报答你们的大恩大德。前面数里之外，就是我的娘家，如果你们愿意光临，定当有金帛之礼相赠。"几个贼人听了大喜，于是他们跟随仆人妻子一起向前走去。他们来到一个村子，村保里聚集了很多人，外面还陈列着戈、戟等兵器。仆人妻子走进村子，向村人哭诉了事情经过，于是保长把贼人骗进村子，并抓住了他们，没有一个人得以逃脱。

吕氏说：遭遇突发事件时，人有恐惧的心理，就是聪明人也会一时晕头转向，茫然失策，何况是一个妇人呢？仆人妻子能够以满含节操与义行的话语，引起盗贼的怜悯，既免除了自身遭受杀戮和羞辱，又为丈夫报了仇，智谋深远，勇气沉静，就是大丈夫也难与她相比啊。谁说只有伟男儿才有这样的见识呢？

文学之妇。史传所载，班班①脍炙人口。然大节有亏，则众长难掩。无论如蔡文姬、李易安、朱淑贞辈，即回文绝技，咏雪高才，过而知悔，德尚及人，余且不录，他可知矣。然亦有贞女节妇，诗文不录者，彼固不以文学重也。

**【注释】**①班班：络绎不绝，很多的样子。

**【译文】**文学之妇，史传记载的，有很多脍炙人口的作品，但是如果在妇德等名节上有欠缺，即使她有众多的长处，也难以掩盖她的污名。不管是蔡文姬、李清照，还是朱淑贞等人，纵然她们都是身怀回文绝技，有咏雪赋诗的高才，只有当她们知过能改，品德才能勉强比得上一般人。所以这几位，我都没有录在这本书中，其他的人也就可想而知了。然而，也有一些贞女节妇，虽有诗文的才艺，却不流传世间，是因为她们不以文学为重的缘故。

班婕妤者，汉左曹越骑校尉况之女，彪之姑也。少有才学，成帝选为少使，大被宠幸，居增成舍。帝尝游后宫，欲与同辇，婕妤曰："妾观古圣帝明王，皆有贤臣正士，侍其左右。惟衰世之君，乃有女嬖在侧。妾不敢恃爱以累圣明。"其后赵飞燕姊妹，妒宠争进，谮①班婕妤怨望②祝诅③。帝考问，对曰："妾闻修正尚未获福，为邪欲以何望？使鬼神有知，不受不臣之诉，如其无知，诉之何益？"帝然之。婕妤自知难容，乃求供事太后于长信宫。

吕氏曰：同辇之宠，皆后妃嫔御之所祷而求者也。婕妤既辞而复谏，至于辨谤数语，义正辞确，可谓宠辱不惊矣。卒求长信以避妒，不贤而能之乎？

【注释】①谮（谮）：说别人的坏话，诬陷，中伤。②怨望：怨恨，心怀不满。③祝诅：祝告鬼神，使加祸于别人。

【译文】汉朝成帝的妃子班婕妤，是左曹越骑校尉班况的女儿，班彪的姑母。很小的时候她便很有才华，被成帝选为少使，很是被宠幸，居住在增成舍。汉成帝曾在一次到后花园去游玩时，叫班婕妤同他坐一辆车。班婕妤不肯，她说："我看到历史上圣明的帝王，都有贤臣正士侍奉在他的左右，只有衰乱之世的君主，才有宠爱的女子在旁边跟着。我不敢因为贪图皇上的宠爱而妨害了皇上的圣明。"后来班婕妤被赵飞燕姐妹所妒忌，她们日日想得到成帝的宠幸，便诬陷班婕妤心怀不满，说她祝告鬼神想加祸于他人。成帝拷问班婕妤，她说："臣妾听说，不断修养自己身心尚且不能立即获福，做一些邪恶的事情又想得到什么呢？假使鬼神有智慧的话，便不会接受那些邪恶之人的倾诉，如果鬼神没有智慧，那么向它倾诉了又有什么用呢？"成帝听了很赞同她的说法。班婕妤知道自己很难再被容纳，于是就请求到长信宫去侍奉太后。

吕氏说：能和君王同乘一辆车，这是后宫那些嫔妃求之不得的事，班姬不仅拒绝了还向成帝进谏。至于那一段辩解毁谤的话语，更是义正词严，可以说是不因个人得失而动心了。最后请求服侍太后以避开别人的妒忌，如果不是贤德之人，能做得到吗？

# 母 道

母不取其慈,而取其教。溺爱姑息,教所难也。继母不责其教,而责其慈。忌嫌憎恶,慈所难也。慈母不传,而慈继母传。为继母者可以省矣。乳保列于八母①,故亦附焉。

【注释】①八母:指嫡母、继母、养母、慈母、嫁母、出母、庶母、乳母。

【译文】母亲对于儿女来说,可贵之处不在于慈爱,而在于教育。对于孩子的溺爱和姑息,是对儿女教育难以克服的障碍。对于继母,不要求她对儿女教育方面如何严格,而是要求她对儿女要加倍慈爱。嫉妒、嫌弃、憎恶儿女,是继母对儿女难以慈爱的原因。慈爱的母亲一般不会为人传颂,但是慈爱的继母往往会为世人所传扬。因此作为继母的,这回就知道自己应该怎么做了。乳母位于八母之列,所以我也将其收录在本书中。

礼母。教子以礼,正家以礼者也。若孟母,礼不足以尽之,而事归于礼,故以礼名。

【译文】礼母,说的是那些能够以礼义之法来教育儿女,以礼义之法来匡正家教的母亲。像孟子的母亲,她的行为当然不是一个礼字可以全部概括的,但是从她教育孟子的事迹上看,都可以归到一个"礼"字上,所以称之为礼母。

孟母仉(音掌)氏,舍近墓,孟子少嬉戏,为墓间事。母曰:"此非吾所居。"乃去。舍市傍,孟子嬉戏,为贾(音古)人炫卖事。母曰:"此非吾所居。"复徙舍学宫之傍，孟子嬉戏，乃设俎豆①，揖让进退。母曰："可矣。"遂居之。及孟子长，学六艺而归。母方绩，问学所至②。孟子曰："自若③也。"母以刀断其织，曰："子废学，若吾断斯织也，夫君子学以立名，问则广知，奈何废之？"孟子惧，旦夕勤学。

**【注释】**①俎豆：祭祀，宴客用的器具。引申为祭祀和崇奉之意。②所至：结局，结果，目的。③自若：一如既往，依然如故。

**【译文】**孟子的母亲是仉氏，他们家住在坟场附近。孟子小时候玩耍时，常跟着坟场里的人学习如何祭祀扫墓的事。孟母说："这不是我们要居住的地方。"于是就搬家到市场附近。这时孟子玩耍时，便常跟着市场的商人学着做买卖。孟母说："这也不是我们要居住的地方。"于是又搬家，最后搬到学宫附近。在这孟子每天玩耍时，便跟着学些祭祀之礼以及揖让进退之礼。孟母说："这个地方可以了。"于是便在这里长期住了下来。孟子稍大时，孟母便送他去读书学习六艺。一天，孟子放学回来，当时孟母正在织布，孟母便问他学习得怎么样？孟子回答说："和以前一样。"孟母听了非常生气，就用剪刀把织好的布剪断，说："你荒废学业，就如同我剪断这布一样。有德行、有学问的人通过勤学来树立名声，通过勤问来增加学识。你为什么要荒废学业呢？"孟子听后十分震惊恐惧，从此每天早晚勤学苦读，丝毫不敢懈怠。

正母。望子以正者也；无儿女子之情，惟道义是责。

**【译文】**正母，说的是那些盼望儿子能够成为正直有德行之人的母亲。在她们那里没有儿女私情，只以道义教育子女为己责。

王孙贾年十五，事齐闵王。国乱，闵王见杀，国人不讨贼。王孙母谓贾曰："汝朝出而不还，则吾倚门而望汝；暮出而不还，则吾倚闾而望汝。今汝事王，王出走，汝不知其处，尚何归乎？"贾乃入市中，令百姓曰："淖（音闹）齿①乱国杀王，欲与我诛之者右袒。"市人从者四百人，刺淖齿而杀之。君子谓王孙母义而能教。《诗》云："教诲尔子，式穀似之②。"此之谓也。

吕氏曰：世之爱子者，多欲保全其身。至见危授命③，则深悲而固止之。岂知不义而生，不若成仁而死哉！王孙母以求君望其子，宁失倚门之望焉。贤哉！母也，善用爱矣。

【注释】①淖齿：一作"卓齿"、"踔齿"、"悼齿"。战国时楚将。②式穀似之：式，句首语气词。穀，作穀，善。似，借作"嗣"，继承。③见危授命：在危急关头勇于献出自己的生命。

【译文】王孙贾十五岁时，就开始侍奉齐闵王。当时，齐国内乱，齐闵王被杀，但是国人没人为此去讨伐杀害国王的逆贼。王孙贾的母亲对他说："平时你早晨出去没有回来，我就一直倚靠在门口盼望你回来；晚上出门没有回来，我就一直倚靠在里巷的门口盼望你回来。现在你侍奉闵王，闵王不见了，你却不知道闵王在哪里，你还回来干什么呢？"王孙贾于是到闹市里，对百姓说："淖齿乱我齐国，杀我大王，想和我一起去诛杀淖齿的人，请脱下右边的衣袖。"市场上跟随王孙贾去的有四百壮士，他们一起去刺杀淖齿，并最终杀掉了淖齿。有君子因此认为，王孙贾的母亲很有义气，而且很善于教育儿子。《诗经》里有话说："教诲你的儿子，让他继承好的祖德。"说的就是这个。

吕氏说：世间的父母疼爱孩子，多数是只想尽办法保全他的生命。到了危急关头，需要勇于献出自己的生命时，他们便深感悲伤因而竭力制止。他们又怎么会知道，如果失去了道义而活着，还不如为了仁义而英勇赴死更有意义。王孙贾的母亲为了让儿子忠义为国，宁可失去儿子也要保全忠义。王孙贾的母亲，真是个善用真爱的母亲啊！

陆续母，治家有法。续为太守尹兴门下掾<sup>①</sup>（音篆，吏也）。时楚王英谋反，事连续，诣洛阳诏狱<sup>②</sup>。续母自吴达洛阳，无缘见续，但作食馈之。续对食，悲泣不自胜。使者问故，续曰："母来，不得相见耳。"问何以知之，续曰："此食，母所饷（音向。送也）也。吾母切肉未尝不方，断（音短，切也）葱以寸为度，是以知之。"使者以闻，特赦之。

吕氏曰：人未有心正而事邪者，亦未有事慎而心苟者，陆母葱肉两事，而平生之端方，言动之敬慎，可类推矣。吾取为妇人法。

【注释】①掾：原为佐助的意思，后为副官佐或官署属员的通称。②诏狱：关押钦犯的牢狱。

【译文】汉朝陆续的母亲，她治理家事很有方法。陆续在太守尹兴的门下为官。当时楚王刘英谋反，陆续也因此事牵连，被抓捕押送到洛阳关押。他的母亲得知后，从家乡吴地赶到了洛阳，可是没有办法见到监牢里的儿子，只能做了一些吃的东西托人送给儿子。陆续看到送来的饭食，哭个不停。送饭的人问他是什么缘故。陆续说："母亲来了，我不能和她相见，因此很悲伤。"那个人又问他，你怎么知道你的母亲来了。陆续回答道："这饭菜肯定是母亲做的。母亲切的肉每块都是四四方方的，切的葱都是一寸长的。见到送进来的饭菜，所以我知道是母亲来了。"使者把此事上奏后，朝廷专门赦免了陆续的罪。

吕氏说：没有内心正直而做事却邪恶的人，也没有做事严谨而内心却随便的人。陆续的母亲切肉没有不方正的，切葱都以寸为标准，只看这两件事，她平生为人端正方直、言语动作恭敬谨慎就可想而知了。所以我辑录她的事，以此作为后世妇女效法的榜样。

范滂母有贤行。汉灵帝建宁中，大诛党人①诏捕滂。滂诣狱，其母就之诀。滂白母曰："仲博（滂弟字）孝敬，足以供养。滂从龙舒君（滂父）归黄泉，存亡各得其所。惟大人割不忍之恩，勿增感戚。"母曰："汝今与李杜齐名，死亦何恨？既有令名，复求寿考。可兼得乎？"滂跪受教，再拜而辞。

吕氏曰：滂当乱世，而高论以速凶；处小人，而激清以乐死，狷介②之流也，吾深惜之。惟是名寿不可兼得，妙合知足之旨，而慨然割爱，无儿女子之情，母也贤乎哉！

【注释】①党人：此指灵帝时，士大夫、贵族等对宦官乱政的现象不满，与宦官发生的党争事件，史称党锢之争。事件因宦官以"党人"罪名禁锢士人终身而得名。汉桓帝时亦发生过一次。②狷介：性情正直，洁身自好，不与人苟合。

【译文】汉朝的范滂，汝南人，他的母亲很有贤行。汉灵帝建宁年间，因"党锢之祸受牵累，范滂被捕下狱。范滂进监狱后，他的母亲来监狱和他诀别。范滂对母亲说："母亲啊！弟弟仲博很孝敬，他足以奉养您。我现在跟随父亲一起去黄泉了，可以说生死各得其所。只是担心您割舍不下，希望您不要太难过。"母亲说："你今天能和李膺、杜密这样正直敢言的人一同赴死，还有什么可遗憾的呢？已经有了清正的美名，还想要长命百岁，这怎么可能呢？"范滂跪下听受母亲教诲，拜了又拜，辞别了母亲。

吕氏说：范滂赶上乱世却坚持正义进言，所以招来祸患。处于小人当道之世，却能扬清激浊不畏死，真是高洁之士啊！他的死让人痛惜。只是当此之时，高名与长寿不可能同时得到，这也妙合了古人的知足之道。而范母能够慷慨激昂舍弃所爱，放下儿女私情，这位母亲的贤德更加令人敬佩啊！

刘安世除①谏官，未拜命，入白母曰："朝廷不以儿不肖，使居言路。谏官须明目张胆，以身任国，若有触忤，祸谴立至。主上方以孝治天下，若以老母辞，当可免。"母曰："不然。吾闻谏官为天子诤臣，汝父平生欲为之而弗得。汝幸居此地，当捐身以报国恩。使得罪流放，无问远近，吾当从汝所之。"安世受命，是以正色立朝，面折廷争②，人目之为殿上虎。

吕氏曰：安富贵，保身家，此妇人常态也。安世之母以捐身报国望其子，可谓知大义矣。

【注释】①除：任命官职。②面折廷争：指直言敢谏。面折，当面指责别人的过失；廷争，在朝廷上争论。

【译文】宋朝刘安世，当初被朝廷任命为谏官，在还没接任之前，他去禀告母亲："现在朝廷不以儿子为不肖，命我做谏官的要职。不过这是不容易的事，倘若触犯了皇上或当朝大臣，就会马上招致祸患。如今皇上正大力提倡以孝治天下，如果我推说母亲年老了，需要儿子朝夕事奉，应当可以推掉这份差事。"母亲说："话不能这样说呀。我知道谏官是皇帝身边直言的臣子，你父亲生平想要担任这个职务却始终不能如愿。你如有幸升到这个职位，理应不惜性命去报答国家的恩典。假如因此获罪而遭放逐，无论远近，我都跟你同去。"刘安世听了母亲的话，接受了任命。他在朝廷上态度严肃，铁面无私，直言极谏，从不阿谀逢迎，别人把他看作像殿上的老虎一样。

吕氏说：想要保全富贵，安定其身家，这是妇人通常的想法。刘安世的母亲以奉献生命报效国家为标准，来期望她的儿子，可以说是懂得大义了。

仁母。以慈祥教子者也。一念阴德，及于万姓。

【译文】仁母，指以仁慈与祥和之道教导孩子之母亲。一念之间的阴德，都会惠及于万姓之人。

隽不疑为京兆尹，行县录囚还，其母辄①问。有所平反，母喜笑，饭食言语，异于他时。或无所出，母怒，为之不食。由是不疑为吏不残，君子谓不疑母能以仁教。

【注释】①辄：总是，就。

【译文】汉朝的隽不疑做京兆尹时，每次巡视下属各县、省查囚犯有无冤情回来后，他的母亲总是问隽不疑相关情况。如果隽不疑能为一些受冤屈的人平反，母亲就很高兴，无论吃饭还是说话，都与平时不一样。有时候没有为人平反出狱之类的事件发生，母亲就会很生气，甚至拒绝吃饭。因此隽不疑做官，在他管辖的地方，从无残害百姓的事情发生，士君子们认为这是他的母亲能够以仁来教导他的结果。

严延年母，生五男。延年为河南太守，所在名为严能。冬月论囚，流血数里，河南号曰屠伯。其母常从东海来，欲就延年，腊到洛阳，适见报囚，母大惊，便止都亭①，不肯入府。延年出至都亭谒，闭阁不见。延年免冠顿首阁下，母乃见之，因责数延年曰："幸备郡守，专治千里。不闻仁义教化，有以全安愚民，顾多刑杀以致威，岂为民父母之意哉？"延年服罪，顿首谢。将归，谓延年曰："天道神明，人不可独杀。我不自意，老当见壮子被刑戮也。行矣，去东海为汝扫除墓地耳。"遂去。后岁余，延年弃市，东海莫不称母贤智。

吕氏曰：天道好生，隽、严二母，皆明于天道者也。至于仁义教化、全安愚民二语，贤哉严妪！可为民父母之训辞矣。

吕新吾《闺范》（有序）

**【注释】**①都亭：都邑中的传舍，古时供行人休息住宿的处所。

**【译文】**严延年的母亲生了五个儿子。延年做河南太守时，所在地的人们都称他为"严能"。每年冬天，他命令把各县的囚犯押解到郡府，集体判处，处决犯人时流的血都有好几里，河南人因此都称他为"屠伯"。严延年的母亲从东海郡来，打算和严延年一起祭腊（过年）。刚到了洛阳，恰好碰见各县押解死囚到郡上处决。严母大惊，于是停在了都亭，不肯进入严延年的府中。严延年出府到了都亭拜见母亲，母亲关起门来不见他。严延年摘掉帽子在门外磕头，过了好久，严母才出来见他，并责骂严延年说："你侥幸获得郡守的官职，得以统治千里的土地，没听说你用仁爱教化一方，保全百姓，却滥用刑罚杀了许多人，用来显示你的威风，难道这是父母官的做法吗！"严延年认罪，并磕头谢罪。过完年，严母回家临行时对严延年说："皇天在上，天道是公平的，人不可能只杀他人而不被人杀。我不愿到老看壮年的儿子被处死！我走了！离开你回到东海郡，为你准备墓地等着葬你吧。"于是离去了，回到东海郡。后来过了一年多，严延年果然被查处斩首。东海郡的人没有不称颂严母贤明的。

吕氏说：上天是爱惜生灵的，隽、严这二位母亲，都是明白天道的人啊。至于"仁义教化"、"全安愚民"这两句话，严家老太太说得太好了，真可以作为所有身为百姓父母官之人的训诫啊！

欧阳修母郑氏，家素贫无资，亲教公读书。以荻①画地，教公书字。尝谓曰："汝父尝夜览囚册，屡废而叹。吾问之，曰：'死狱也，求其生不得耳。'吾曰：'生可求乎？'曰：'求其生而不得，则死者与我，皆无恨也。矧<sup>②</sup>求而有得耶，以其有得，则知不求而死者，有余恨矣。夫常求其生，犹失之死，而世常求其死，岂天道哉？'"修服之终身。

【注释】①荻：芦苇。②矧：况且。

【译文】欧阳修的母亲郑氏，因为家里贫穷，便亲自教欧阳修读书。她用芦苇秆在沙地上写画，教他写字。她曾对欧阳修说："你的父亲过去曾经做过监狱官，他经常晚上看囚犯的册子，每次看时总是很感慨。我就问他原因，你父亲就说：'我看这个人被判了死刑，我想留他一条生路却没有办法。'于是我问他：'难道被判了死刑后还有办法能够为他求生吗？'你父亲讲：'如果是我尽力为他求生了而办不到，那么他和我都不会有什么遗憾了。况且有时还真能为其中一些人求得一条生路呢。因为有过这样的情况，那就说明以前被处死的人，因为没有人为他们细心查明案情，他们中有些是含恨而死的。审案者经常为他们谋求生路，有时还难免有冤死的，而现在的人却常常是极力寻找犯人的犯罪证据，巴不得将犯人往死路上送，这哪里是天道所在呢？'"欧阳修听了母亲说的这个故事，终身都没有忘记。

公母。责子而不责人者也。世皆私其女，而尤<sup>①</sup>人无已，不公甚矣。今取其可法者。

【注释】①尤：怨恨，归咎。

【译文】公正的母亲，说的是那些只会要求、责备自己的儿子，而不会要求、责备别人的母亲。世人一般只会偏私自己的子女，而一味地怨恨别人，这很不公正啊！现在在这里辑录一些可为大家效法的人。

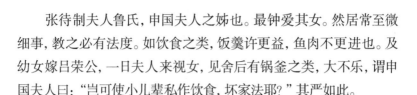

张待制夫人鲁氏，申国夫人之姊也。最钟爱其女。然居常至微细事，教之必有法度。如饮食之类，饭羹许更益，鱼肉不更进也。及幼女嫁吕荣公，一日夫人来视女，见舍后有锅釜之类，大不乐，谓申国夫人曰："岂可使小儿辈私作饮食，坏家法耶？"其严如此。

吕氏曰：妇人之于女也，在家恣其言动，以嬉狎为欢，既嫁美其衣食，惟餍足①是遂。见姑便以锅釜，惟知感恩，又安问家法可否耶？若鲁氏者，可为妇人爱女之法。

**【注释】**①餍足：满足。

**【译文】**宋朝有个姓张的待制官，他的妻子鲁氏是申国公夫人的姐姐。鲁氏非常疼爱女儿，可是平常的时候，即使是很微小的事，也一定会教育女儿要守礼法。譬如吃饭的时候，饭菜吃完了可以再添加，可是鱼或肉吃完了，那就不可以再添加了。后来女儿嫁给了吕荣公。有一天，鲁氏去看望女儿，看见女儿家房屋后面，有铁锅等煮饭的用具，就非常不高兴。对她的妹妹申国夫人说："你怎么可以让孩子们私下里做东西吃，而坏了家法呢？"由此可见她家教之严了。

吕氏说：妇人对于女儿，在家多放纵，任其言语动作，嬉笑打闹。嫁出去以后，给她好吃的好穿的，一味满足她的欲望。看见婆婆允许她另开小灶，只知感激，又怎么会顾及是否符合家法礼法呢？像鲁氏这样的人，实在可以作为妇人真正爱护自己儿女的榜样啊！

廉母。以贪戒子者也。妇人廉，世所希，故录之。

**【译文】**廉洁之母，指的是那些经常告诫儿子不要贪婪的母亲。妇人能够廉洁，这是世间所稀有的，所以记录了一些供大家效法。

陶侃母谌氏，生侃而贫。每纺绩资给之，使结胜己者。宾至，辄款延不厌。一日大雪，鄱阳孝廉范逵宿焉。母乃彻所卧新荐<sup>①</sup>，自挫给其马。又密截发，卖以供殽馔。逵闻之，叹曰："非此母，不生此子。"侃后为浔阳县吏，监鱼梁<sup>②</sup>，以一缶鲊<sup>③</sup>遗母。母封还，以书责侃曰："尔为吏不廉，是吾忧也。"

吕氏曰：余读《诗》，见鸡鸣，妇人欲成夫德，至解杂佩"。陶母爱子，挫荐断发以延客，不更切哉？子也何以慰母心，友也何以答母意乎？世之好客如陶母者诚稀，而号称契知者，果能益人之子，足以当陶母之情否耶？吾欲为之流涕。

**【注释】**①荐：草席，垫子。②鱼梁：筑堰拦水捕鱼的一种设施。③鲊：一种用盐和红曲腌的鱼。

**【译文】**晋朝陶侃的母亲谌氏，生下陶侃后家里变得非常贫苦。谌氏靠辛勤纺纱织布，供给陶侃日常所需，要他结交才识高的朋友。虽然家里贫苦，可是每当有客人来了，她都热情款待，没有一丝厌烦。有一天，雪下得很大，鄱阳地方的孝廉范逵，来到陶家过夜。陶侃的母亲就把自己床上新编的草席，铡断了做草料，拿去喂客人的马，又暗地里剪了头发，把头发拿去卖了钱来置办酒菜。范逵得知了这件事，感叹说："若不是这个母亲，哪里会有像陶侃这样的儿子呢？"后来陶侃在浔阳县里做小官，管理鱼塘。有一次，他把一坛咸鱼寄回家送给母亲吃。谌氏原封不动地退了回来，并且写了一封信斥责儿子说："看来你为官不够廉洁，这正是我所担心的啊！"

吕氏说：我读《诗经》时，《郑风·女曰鸡鸣》上说，妇人想要成就丈夫的德行，解下身上的玉佩来相助。陶母爱子，铡草席断头发来招待客人，难道不更加感人吗？儿子靠什么来安慰母亲的心呢？朋友靠什么来报答陶母这番心意呢？世上像陶母这样尽心招待客人的实在太稀少。而作为朋友，有多少人真的能够有帮助于人家的儿子，当得起像这位母亲这样的盛情款待呢？我真想为她流泪啊。

唐崔元暐，母卢氏，尝戒元暐曰："吾闻姨兄辛元驭云：'儿子从宦者，有人来云贫乏不自存，此是好消息。若赀货①充足，裘马轻肥，此是恶消息。'吾尝以为确论。比见亲表中仕宦者，务多财以奉亲，而其亲不究所从来，但以为喜。若出乎禄廪，可矣。不然，何异盗乎？纵无大咎，独不内愧于心？汝今为吏，不务洁清，无以戴天履地，宜识吾意。"故元暐所至，以清白名。

吕氏曰：廉母多矣，未有如崔氏教子之明切者，吾取之以为仕训。

【注释】①赀货：资财货物。赀，通"资"。

【译文】唐朝崔元暐的母亲卢氏，曾经劝诫崔元暐说："我听表兄辛元驭说：'如果儿子是当官的，有人回来说儿子很穷，差不多不能够自给自足了，这就是好消息。如果有人回来说儿子当官，财物很多，穿的是轻裘，坐的是骠骑，这就是坏消息。'我认为这是很正确的言论。你看亲表当中那些做官的，很多都以大量的财物来奉养双亲，但是双亲从不追究这些钱是从哪里来的，反而感到欢喜。若这些钱是自己的俸禄所积攒的，倒也罢了。如果不是，这和强盗又有什么区别呢？即使没有大的过错，难道你的内心就没有愧疚吗？你现在为官，如果不求清廉，就没有脸面苟活在这天地间，你要理解我的意思啊！"所以元暐不论是在哪里任职，都是以清廉著称的。

吕氏说：尚廉洁的母亲太多了，还没有像崔氏那样明白、实在教导孩子的。吾录下来以供那些做官的人警示自己。

严母。威克厥①爱者也。有父道焉。

【注释】①厥：助词，无义。

【译文】严母，指那些威严胜过慈爱的母亲。在她们身上有着像父亲一样的威严。

吴贺母谢氏，每贺与宾客语，辄于屏间窃听之。一日贺言人长短，谢闻之怒，笞贺一百。或曰："臧否①，士之常，而笞之若是？"谢曰："爱其女者，当求三复白圭②之士妻之。今独产一子，使知义命③。而出语忘亲，岂可久之道哉？！"因泣不食。贺恐惧，自是谨默④。

吕氏曰：亡身之祸，言居其九。正使义所当言，杀身何恤⑤！而平居谈短论长，直讦丑诋，自求切齿腐心⑥之恨，祸将焉逃？吴母教子，可谓知所重矣，滂母有遗恨哉？

【注释】①臧否：书面用语，褒贬、评比、评定、评价、评介、评论等意思。②三复白圭：指慎于言行。语出《论语·先进》："南容三复白圭，孔子以其兄之子妻之。"何晏集解引孔安国曰："《诗》云：'白圭之玷，尚可磨也；斯言之玷，不可为也。'南容读诗至此，三反复之，是其心慎言也。"后因以"三复白圭"谓慎于言行。③义命：指本分。④谨默：谨慎寡言。⑤恤：忧虑。⑥切齿腐心：切齿，咬紧牙齿；腐心，形容心中极恨。形容愤恨到极点。

【译文】宋朝有个进士姓吴名贺，他的母亲谢氏教育儿子很有义方。每逢儿子和客人说话的时候，谢氏常常立在屏风后面听他们说话。有一天，吴贺偶然和客人议论别人的长短过失。他母亲听后非常生气，等到客人走后，打了吴贺一百鞭。有个亲戚劝谢氏道："评论他人的是非曲直，这种情况在读书人中是很平常的事，你又何必这样动怒呢？"谢氏就叹了口气说："我听说爱护女儿的人，一定选择谨言慎行的读书人做女婿。我只有一个儿子，要让他明白如何安守本分。但是现在他说话如此不谨慎，忘了母亲的教诲，这样哪是处世久长之道呢？"谢氏说完流泪不止，不肯饮食。吴贺从此以后常心怀畏惧，处处谨慎寡言。

吕氏说：给人带来亡身之祸的，十有八九是因言语造成的。如果是为了正义而说了应该说的话，即使招来杀身之祸又有什么忧虑的呢？但是日常生活中责难别人，论人长短，揭人隐私，丑化和诋毁他人，自己招来别人对自己的刻骨仇恨，将来怎么能逃得过灾祸呢？吴母教育孩子，可以说是知道轻重了啊。如同范滂的母亲，又有什么遗恨呢？

陈尧咨母冯氏，有贤德。尧咨善射，为荆南太守。秩满①归谒其母，母曰："尔典名藩，有何异政②？"对曰："州当孔道③，过客以儿善射，莫不叹服。"母曰："忠孝以辅国，尔父之训也。尔不行仁政，以善化民。顾专卒伍一夫之技，岂父之训哉？"因击以杖，金鱼④（佩袋）坠地。

吕氏曰：严明哉！陈母。知善射非太守之职，可不谓明乎？子为达宦，而犹以杖击之，可不谓严乎？迂者以从子之义责母，谬矣。子正母从。母正子从。

【注释】①秩满：谓官吏任期届满。②异政：此指优异的政绩。③孔道：必经之道；四通八达之地。④金鱼：金鱼符。唐代亲王及三品以上官员佩带，开元初，从五品亦佩带，用以表示品级身份。金制，四品以上佩带。

【译文】宋朝陈尧咨的母亲冯氏，是一个很有贤德的人。陈尧咨很擅长射箭，当时他是荆南太守。任期届满时，他回家拜见母亲，母亲问他："你在有名的地方做了官，有没有突出的政绩呢？"他回答说："荆南是四方往来的要道，众多过往的客人都知道我箭射得好，没有不叹服的。"母亲怒喝道："为官应该以忠孝来为国为民服务，这是你父亲的教诲。你不想着去行仁政，以善法来教化人民，却只沉迷于一个行武之人的一点小技能，这难道是你父亲对你的期望吗？"说完便拿着拐杖用力打过去，打得他身上的金鱼佩饰都掉到了地上。

吕氏说：陈母真是严明呀！知道擅长射箭并非太守的本职，这能说她不明理吗？儿子身居要职，还拿了拐杖去责打教育他，这能说她不严厉吗？迂腐的人以母从子的礼仪来责怪她，这真是荒谬啊。儿子行得正，母亲从儿子；母亲行得正，儿子便从母亲。

伊川先生[1]曰："吾母侯夫人，仁恕宽厚。抚养诸庶，不异己出。从叔幼孤，夫人存视，常均己子。治家有法，不严而整。不喜笞扑下人，视小奴婢如儿女。诸子或加呵责，必戒之曰：'贵贱虽殊，人则一也。汝如是大时，能为此事否？'先公凡有所怒，必为之宽解。惟诸儿有过，则不掩也。尝曰：'子之不肖，由母蔽其过，而父不知耳。'夫人男子六人，所存惟二，亦不姑息。才数岁，行或跌（音牒，仆也），家人走前扶抱，夫人呵责曰：'汝若安徐[2]，宁至跌乎？'每食尝置之坐侧。食絮羹[3]，即叱之曰：'幼求称欲，长当何如？'虽童仆有过，不令以恶言骂之。故颐兄弟，平生于饮食衣服无所择，不恶骂，教使然也。与人争忿，虽直，必责之曰：'患汝不能屈，不患不能伸耳。'及稍长，使从善师友，虽居贫，子欲延客，则喜而为之。"

吕氏曰：庶子从叔，妇人所厌恶者也，夫人视如己子；幼子，妇人所溺爱者也，夫人待若严师；小臧获[4]，妇人所责备者也，夫人不轻笞扑，慈而正，严而恩，二子皆为大儒，有自哉。

【注释】①伊川先生：此指的是宋代理学家程颐的别号。②安徐：安详从容。③絮羹：加盐、梅于羹中以调味。絮，犹调也。④臧获：古代对奴婢的贱称。

【译文】伊川先生说："我的母亲侯夫人，为人仁爱、忠恕、宽厚。她抚养爱惜庶出的儿子，同自己生的儿子没有两样；她对待那没了父亲的叔叔，吃的、穿的都和自己的儿子一样平均；她治理家务，很有办法，不严厉但是家庭整齐严肃；她不曾打过佣人，看待那些年龄小的奴婢就像自己的儿女一样；有的孩子有时会对下人发脾气或责罚，她一定会对他说：'贵贱虽然有差别，但人总是一样的。你像他这么大的时候，能做得了这些事吗？'如果先父因某事情而恼怒，她一定会为先父宽慰思索解决之法。但唯自己的孩子们有了过失，她决不掩饰。她常说：'孩子之所以不孝顺的原因，是因为母亲隐瞒他的过错，而他的父亲不知道。'先母生了六个男孩，但只养活了我们兄弟两人，即使这样母亲也从没姑息放纵过我们。我很小的时候，走路跌倒，家人走上来将我抱起，但是母亲呵斥道：'你如果慢慢走，怎么会跌倒？'吃饭时，先母只让我们坐在侧旁，我们如果调拌羹汤，先母就会立即训斥道：'从小就讲究满足自己的欲望，长大后会怎么样？'童仆即使有过错，也不允许用恶言斥骂他们。因此，我们兄弟俩在吃穿方面从不在意，从不恶语骂人，这都是母亲教育的结果。我们与人争辩，即使我们有理，先母也会责备我们：'我担心的是你们不能向人低头，而不是担心你们不能与人争胜！'我们逐渐长大后，先母让我们与良善师友交往，虽然我们家并不富裕，但只要我们想接待客人，先母总是乐意为我们操劳。"

吕氏说：庶出的孩子和小叔子，是一般妇人所讨厌的，但侯夫人都能够视如己出；自己亲生的幼子，是一般妇人所溺爱的，但侯夫人偏偏对他们却威若严师；奴婢犯了错误，一般妇人都会严厉责备，但侯夫人从不轻易责罚他们。侯夫人一生仁慈而公正，严厉而又恩惠于人。两个儿子之所以成为大儒，和侯夫人的言传身教是分不开的啊。

宋吕荣公母，申国夫人，性严有法。虽甚爱公，然教公事事循蹈

141

规矩。甫十岁，祁寒暑雨，侍立终日。不命之坐，不敢坐也。日必冠带以见长者。平居虽甚热，在父母长者之侧，不得去巾袜，衣服惟谨。行步出入，无得入茶肆酒肆。市井里巷之语，郑卫之音，未尝一经于耳。不正之书，非礼之色，未尝一接于目。故公德器成就，大异于人。

吕氏曰：善教子者，一严之外无他术；善用严者，一慎之外无他道。今人教子，每事疏忽宽纵，不耐留心，及德性已坏，而笞扑①日加，徒令伤恩，无救于晚。视申国夫人，可以悟矣。

【注释】①笞扑：拷打。

【译文】北宋荣国公吕希哲，他的母亲申国公夫人，教子严厉而有原则。她很爱自己的儿子，但是教育儿子时样样事情都要求循规蹈矩。吕希哲刚刚十岁的时候，无论严寒酷暑，常常侍立在母亲身边一站就是一整天，母亲不叫他坐他是不敢坐的。每天必须衣帽整齐才能去见长辈。平常在家里，虽然天气很热，但在长辈身边，不准脱掉头巾、鞋袜，衣服一定要整齐。茶坊酒馆之类的地方，平时绝不允许涉足。所以市井上粗言俗语，靡音淫乐，吕希哲从来没有听到过；不正经的书本，不符合礼法的行为，吕希哲从没有看见过。因此，吕希哲后来的德业成就，远远超过了常人。

吕氏说：善于教育子女的，除了严格之外没有二法；善于运用威严的，除了谨慎之外没有其他方法。现在的人教育孩子，多是疏忽大意，宽松纵容，没有耐心，不善观察。等到孩子德性已经坏了，就只知道天天打骂责罚，除了伤害亲人间感情外，对于挽救他的品性没有任何帮助。看看申国夫人教子的方法，可以从中悟出很多道理。

智母。达于利害之故者也。

**【译文】**有智慧的母亲，是非常清楚事情利害关系的人。

孙叔敖为儿时，出游见两头蛇，杀而埋之。归见其母而泣，母问故，对曰："吾闻见两头蛇者死，今者出游见之。"其母曰："蛇安在？"对曰："吾恐他人复见，杀而埋之。"其母曰："汝不死矣。夫有阴德者，必有阳报。德弭①（音米，止也）众妖，仁除百祸。书不云乎？皇天无亲，维德是辅。尔默矣，必兴于楚。"及叔敖长，为令尹。君子谓叔敖之母知天道。

吕氏曰：天道好生，敖母奚取于埋蛇之儿乎？盖杀害人者以全人，阴德莫大焉。世有容保凶顽②，陕贼良弱，不肯除害去恶，而自附于仁者，其未知埋蛇之义欤。

**【注释】**①弭：平息，停止，消除。②凶顽：指凶恶顽固的人。

**【译文】**孙叔敖小时候有一次出去玩时，看到一条两头蛇，就把这条两头蛇杀掉埋了。回到家里，见到母亲时他就哭了。他母亲就问他怎么回事，他说："我听说，凡是见到两头蛇的人，都会死。我今天出去玩的时候，看到了两头蛇。"母亲说："那条蛇现在在哪里？"孙叔敖说："我怕别人再看到它，便把那条两头蛇杀了埋掉了。"母亲跟他说："你不会死了。因为我听说有阴德的人，必定有善报；德行能降服一切妖孽，仁爱能够消除一切祸患。《书经》上不是说了吗？上天不会徇私舞弊，只会照拂德行高的人。你别说了，放心吧，你在楚国一定会有锦绣前程。"等孙叔敖长大后，果然做到了楚国的令尹。士君子因此认为，孙叔敖的母亲是明了天道的人。

吕氏说：上天有好生之德。孙叔敖的母亲为什么赞叹杀了两头蛇的儿子呢？原因是因为孙叔敖杀了这两头蛇，是为了保全其他人的性命。这阴德很大呀。世上有些人容纳、保护那些凶恶顽劣的人，导致祸害了众多善良弱小之人。这些人不肯除害去恶，而自以为是仁慈的人，这是他们不懂得孙叔敖埋蛇的大义所在呀。

慈继母。恩及前子者也。

【译文】慈继母，就是对待丈夫前妻的孩子像对待自己亲生子一样的人。

齐义继母，齐二子之母也。当宣王时，有人斗死于道，二子立其傍，吏坐<sup>①</sup>焉。兄曰："我杀之。"弟曰："我杀之。"期年不决，言之王。王曰："皆赦之，是纵有罪。皆罪之，是诛无辜。"使相问其母，母泣而对曰："杀其少者。"相曰："何谓也？"母曰："少者，妾子也。长者，前妻之子也。其父疾且死，嘱（音祝，托也）妾曰：'善视之。'妾既诺矣，岂可以忘？且杀兄活弟，是废公也。背言忘信，是欺死也。"因泣下沾襟。相告王，皆赦之，尊其母曰义母。

吕氏曰：继母视前子，仇雠也。彼其先吾子之年，共吾子之业，又虑为吾子他日害，虽前子孝养恭诚，未必肯谅其心，而恒不乐其有，况肯救其死，又以己子代之死乎？若义继母，于夫为贤妻，于子为慈母，千载而下，尚能使人挥泪。至于异母兄弟，含冤而争死，凡轻于死者，安肯自私自利，而相处于薄哉？同胞人有余愧矣。

【注释】①坐：犯罪；判罪。引申指犯有过错。
【译文】齐国有一位义继母，是齐国两个儿子的母亲。齐宣王时，有个人因为在路上斗殴被人打死了。当时正好这兄弟俩在旁边站着，官府的人就把他俩当成凶犯给抓了起来，逼问他们究竟是哥哥还是弟弟动手杀死那个人的。哥哥说："人是我杀的。"弟弟说："人是我杀的。"这样过了一年，案件也没办法判决。官府的人就将这件事报告给齐宣王。齐宣王说："如果把他们都赦免了，是在纵容犯罪的人。如果把他们都治罪，那无辜的将会被牵连。"齐宣王就派相国去问他们的母亲，这位母亲哭泣着说："让小的去抵罪吧！"相国就问："这是为什么？"那位母亲说："年龄小的，是我自己所生的，年龄大的是我丈夫的前妻所生的。他父亲临死的时候，嘱咐我好好地照顾他，我答应了。现在如果叫老大去抵罪，那我岂不是不守信吗？而且杀了兄长，让弟弟活下来，那是废弃公义。背弃自己的诺言，失掉信义，这是欺骗死去的人啊！"说完就不住地流泪哭泣，把衣服都弄湿了。相国回去把情况告诉了齐宣王，齐宣王赦免了两兄弟，并尊称他们的母亲为"义母"。

吕氏说：一般情况下，继母对待前妻之子就像仇人一样。因为前妻之子在家中是长子，可以合法地占有属于自己的孩子的家产，还担心将来他会成自己的孩子各方面的障碍。所以即使前妻之子很孝顺、恭敬，但继母也未必会体察他的心意，所以总是不愿意有这样一个孩子，况且是主动去救他呢？甚至还要让自己的孩子代他赴死！像这样有道义的继母，对于丈夫来讲是贤妻，对于孩子来讲是慈母。千年以后，听了她故事的人依然会感动落泪。至于这异母两兄弟，他们个个都愿意含冤争相赴死。但凡把死看得很轻的人，他们又怎么会自私自利，而对自己的兄弟薄情寡义呢？面对他们，世间做兄弟的都会感到很惭愧啊！

珠崖令死，后妻生子九岁，前妻之女（名初）十三岁，相携扶樎以归。法携珠入关者死。继母有珠系臂，弃之。其子拾而置之母奁①（音连，镜匣），皆不知也。至海关，关吏索之，得珠，曰："嘻，死矣，谁当坐者？"初恐母服罪，对曰："父亡之日，母弃系臂，初心惜之，取而置诸镜奁，母不知也。"继母亦以初为实然，怜之，因谓吏曰："愿且待，幸勿劾②儿，儿诚不知也。夫不幸，妾解系臂，忘而置诸奁中，妾当坐。"初固曰："母哀初孤，而强活之，初当坐。"母不与也，相与涕泣哽咽（音耿叶，吞声哭）。送葬者尽哭，路人莫不下泪。关吏执笔垂泣，不能就一字，乃曰："吾宁坐之，不忍刑慈母孝女也。"俱遣之。后乃知其男也。

吕氏曰：此天理人情之至也，可泣鬼神，可贯金石，可及豚鱼，可化盗贼。初年十三耳，而能若是，殆天植其性与。而继母之贤，晚世所希，惜也史逸其姓耳。

【注释】①奁：女子梳妆用的镜匣，泛指精巧的小匣子。②劾：审理，判决。

【译文】汉朝时珠崖县的县令死了，他的后妻有个九岁的儿子，前妻有个十三岁的女儿，名字叫初。他们一起送县令的灵柩回原籍。当时法律规定，凡是携带珠子入关的判处死刑。初的后母本来有一串珠子，系在手臂上的，因此就拿下来扔掉了。她的儿子不知道情况，就又拾起来放在母亲的梳妆匣里，母女俩都不知道。到了关口，官吏搜查时搜到了这串珠子，就说："竟敢违犯法令，这是死罪！该判处哪一个呢？"女儿害怕母亲服罪，便说道："我父亲去世的时候，我的母亲本来已经把珠子扔了，是我觉得很可惜，便捡回来放在了母亲的梳妆匣里。我母亲不知道这情况。"继母听了也以为初说的是事实，但心中又很怜惜初，就对官吏说："我愿接受法令的惩治，千万请你们不要追究我的女儿，她确实不知道珠子的事情。这些珍珠是我戴在手臂上的随身之物，亡夫不幸去世后，我取下放到了梳妆匣内，后来因为忙于丧事，竟把处置珠子的事忘记了。这件事是我有罪，应当受罚。"女儿初仍然重复对官吏说："母亲是哀怜我而故意这样说，好让我活下去。事实上，是我应当受罪。"继母不同意女儿的说法，她和女儿一起哭了起来。陪同护送灵柩的人见状全都忍不住哀恸落泪，就连路边旁观的人也没有一个不落泪的。海关的官吏手提着笔也跟着流泪，写不出一个字，说道："我宁愿自己被判刑，也不能判处这样的慈母孝女啊。"将她们母女全都放走了。事后才了解到那串珠子原来是不懂事的小男孩私自拣回来的。

吕氏说：这种人世间的真情，是人的天性的流露，可以泣鬼神，贯金石，使豚鱼信服，使盗贼感化！初年仅十三岁，就能做出如此义举，真是天性纯良啊！而继母的贤慧仁爱，也是后世难得的。可惜史书没有记载下她们的姓氏啊。


李穆姜，南郑人，安众令程文巨之妻也。有二子，而前妻四子，以穆姜非所自出，谤毁日积。穆姜衣食抚字[1]，皆倍所生。或谓母："四子甚矣，何以慈为？"对曰："四子无母，吾子有母，设吾子不孝，宁忍弃乎？"长子兴，疾困笃，母亲调药膳，忧劳憔悴。兴愈，呼三弟谓曰："继母慈仁，出自天性。吾兄弟禽兽其心，惭负深矣。"遂将三弟诣县，陈母之德，状己之罪，乞就刑。县言之郡，郡守表异其母，四子许令自新，皆为孝子。

吕氏曰：世皆恨继母不慈，而宽于前子之不孝，皆一偏之见也。两不得，两有罪。要之礼责卑幼，则尊长无不回之天。故有闵损，不患衣芦之奸；有王祥，不患守柰之虐。吾因穆姜慈，而有感于世之恕前子者，为未公云。


【注释】①抚字：抚养。
【译文】李穆姜，南郑人，是汉朝安众令程文巨的妻子。年轻时丈夫就死了。她有两个儿子，丈夫前妻有四个儿子。这四个儿子认为自己不是李穆姜亲生的，所以时常说她的坏话，对她的感情也一天比一天坏。可是李穆姜给前妻四个儿子的衣服和饮食总比亲生的儿子好很多。有人问她说："那四个孩子对你那样，为什么还要对他们如此慈爱？"李穆姜说："这四个孩子没有了母亲，我的孩子有母亲，假设我的孩子同样不孝的话，我能抛弃他们吗？"有一次，前妻的大儿子程兴生了病，十分危险，李穆姜就亲自给他煎药，日夜辛劳地看护，心里非常忧愁，神情变得越来越憔悴。程兴看到后母这么用心地照顾自己，觉得特别惭愧。病好以后，就叫上其他三个兄弟，对他们说："后母对我们的仁厚和慈爱，完全是出自天性。相比之下，我们真是禽兽心肠，太对不起她了。"于是就带着三个弟弟到县官面前，陈述后母的仁慈和自己的罪恶，并且甘心受罚。后来县官就把这件事告诉了知府，知府表彰了穆姜，许令四个儿子改过自新，后来都成了孝子。

吕氏说："世人都埋怨继母不慈悲，但却对前妻之子的不孝很宽恕，这是有偏见的。双方不能和睦相处，其实双方都有责任。重要的是首先要用礼数来要求晚辈孝顺长辈，那么做长辈的就没有不改变态度的道理。闵子骞并没有因为芦花棉衣而埋怨他的后母，王祥也没有因为看守果树受到虐待而记恨他的后母，最后都以至孝感动后母。我因为穆姜的慈悲，而感叹那些宽恕前妻之子的人，因为那样是不公平的。

陈氏，建阳人，余楚继妻也。生子翼，三岁而楚死。陈氏尽以其产与前妻二子。翼年十五，使游学四方。翼在外十五年，成进士以归，迎母入官。后二子贫困，又收养而存恤之。

吕氏曰：继母每私其所生，能均产业，足矣，况夫产尽让前子！既贫而又恤之，即亲母何加焉？均产，中道也；让产，贤道也。天下无过慈之继母。吾于陈氏，所深取焉。

【译文】陈氏是建阳人，宋朝时余楚的后妻。生了一个儿子名叫余翼。余翼三岁时，余楚就去世了。陈氏就把家产完全分给了前妻生的两个儿子。等到余翼十五岁了，陈氏就叫他到外面去游学。后来余翼在外边过了十五年，才中了进士回来，把母亲迎接去了。陈氏打听得前妻的两个儿子，还是穷苦困顿，也把他们接过来同住，并且时刻照应他们。

吕氏说：继母常常偏爱她自己生的孩子，能够均分财产，就已经算是很不错的了，何况是把丈夫的产业都分给前妻之子，等到看见他们贫穷时又救济他们。即使是亲生母亲也不过如此吧？均分财产，是普通人的做法；谦让财产，是贤人的做法。天下没有比她更慈爱的继母了。我很敬佩陈氏的行为，深深为之感叹。

慈乳母。乳母所保，他人子也，只以受人之托，遂尽亲之情。或身与俱死，或以子代死，为人保子，义当如是。

【译文】慈爱的乳母，她们所关护的人，是别人的孩子。她们只因为受人之托，就完全以一颗慈母的心，去对待他人的孩子。她们有的为此而献出了自己的生命，有的甚至用自己的孩子代替雇主的孩子去死。在她们看来，既然承诺了要保护好人家的孩子，道义上就应该如此。

秦攻魏，破之，杀魏主瑕，诛诸公子。而一公子不得，令魏国曰："得公子者，赐金千镒<sup>①</sup>。匿之者夷<sup>②</sup>三族。"乳母与公子俱逃。魏故臣见乳母而识之，曰："公子安在？"母曰："不知，虽知之，不可以言。"故臣曰："国破族灭，子尚谁为乎？且千金重利也，夷族极刑也，汝其图之？"母曰："见利而反上者，逆也。畏死而弃义者，乱也。今持逆乱而求利，吾不为。且为人养子者，务生之，非为杀之也。岂可利赏畏诛，废正义而行逆节哉？"遂逃公子于泽中。故臣以告，秦军争射之。乳母以身蔽公子，遂同死焉。秦王闻之，以卿礼葬乳母，祠之太牢③。宠其兄为五大夫，赐金百镒。

吕氏曰：魏之故臣，可寸斩，可族诛矣。吾又叹乳母短于料人也。设见故臣，号泣而问之曰："公子安在？"或故臣有问，告以被难，又安知公子不能免乎？彼乳母者，固望故臣协力共谋，以免公子也，讵知又一秦哉？君子贵忠，又贵有智以成其忠，诚而不明，保身以济事，难矣哉。

【注释】①镒：古代重量单位，合二十两（一说二十四两）。②夷：消灭。③太牢：古代祭祀，牛、羊、猪三牲全备，称为"太牢"。

【译文】战国时期，秦国灭了魏国，杀了魏王瑕和许多公子。但是有一个公子没抓到，于是就下令说："谁抓到了这个公子，就赏他黄金二万两。谁藏匿这个公子，就灭他三族。"当时魏公子的乳母带着公子一起逃了。魏国以前的一个臣子看到并认出了这个乳母，就问她："公子现在哪里？"乳母说："不知道，即使知道，我也不能说啊。"那臣子便说："国家和家庭都破亡了，你现在还为了谁呢？而且抓到公子赏二万两黄金，这是很大一笔财富啊。藏匿他会遭灭族，这是极重的刑罚啊。你又图了什么呢？"乳母说："见到有利可图就反叛君上，这就是逆，因为怕死就背弃道义，这就是乱。身负逆乱的罪名去谋求自己的利益，这样的事我不会做。而且身为保母，我的职责是为别人养育孩子，务求让他好好地活着，不是要害死他，我怎么能够贪图奖赏、害怕死亡，便废弃道义而做出违背节义的事情呢？"于是便和公子一起逃到泽中。那个魏国的旧臣向秦军告发了乳母。秦国的军队追上来，纷纷用箭射过去，乳母用自己的身体遮着公子，和公子一同死了。秦国的君主听说了这件事，用卿的礼仪来埋葬了这位乳母，并且用太牢之礼来祭祀她。又封她的兄长为五大夫，赐给他黄金二千两。

吕氏说：魏国的旧臣，可以碎尸万段，可诛灭全族。我又叹息乳母不会看人啊。假设遇见旧臣，哭泣着问他说："公子现在在哪里呢？"或者旧臣这样问她，告诉他已经遇难，又怎么知道公子不能免这一死呢？这个乳母，肯定希望旧臣能够和她一起想主意，以保全公子，岂知旧臣已经投靠秦国了呢？君子非常看重忠诚，又很看重用智慧来成全其忠诚，忠诚但是不明智，想要保全自身以成就事业，这太难了啊！

义保者，鲁孝公之保母也。姓臧氏，与其子俱入宫，养孝公。鲁人作乱。求孝公，将杀之。义保乃令其子，衣公之衣，卧公之处，鲁人杀之。义保遂抱公子以出，遇公舅鲁大夫于外，遂托以公而逃。鲁人高之。《论语》曰："可以托六尺之孤。"义保之谓也。

吕氏曰：臧氏贤乎哉！鲁不灭国，不绝嗣，臧氏之力也。鲁之卿大夫愧矣。

**【译文】**春秋战国时有一个义保，她就是鲁孝公的保母臧氏，是和她的儿子一起入宫的，负责养育孝公。鲁国有人叛乱，四处寻找孝公，要杀掉他。臧氏就叫自己的儿子穿了公子的衣服，睡在公子所睡的地方，于是叛贼就把臧氏的儿子杀掉了，臧氏抱着公子，出门遇到公子的舅舅，也是鲁国的一位大夫，就托他带公子逃了出去。鲁国人很敬重臧氏的义气。《论语》里说："可以托付年幼的君主。"说的就是这位"义保"的事。

吕氏说：臧氏真是贤慧呀。鲁国能够不灭国，不断绝后嗣，都是臧氏的功劳啊！鲁国那些卿大夫都该惭愧啊！

# 姊妹之道

姊妹,女兄弟也。气分一体,情自相关。先王以妇人内家<sup>①</sup>也,每割恩<sup>②</sup>焉,然亲爱出于天性,则休戚<sup>③</sup>岂同路人?取其笃情重义者,不敢尽以中道律之也。

【注释】①内家:娘家。②割恩:弃绝私恩。③休戚:欢乐忧愁。

【译文】姊妹,是指像兄弟一样的同胞女子关系。她们的身体来自于共同的父母,她们的思想感情相互之间自然地有着亲密的关联。古代的圣王因为妇人往往过分偏向自己的娘家,所以每每提醒她们不要为了私情而废弃了礼义。但是,血缘间的亲情也是出自天性,一喜皆喜,一悲皆悲,岂能与一般的外人相同?这里只是选录一些特别重情义的人的事迹,提供给大家做个借鉴,不敢说完全都是按照礼义的标准来取舍的。

齐攻鲁,至郊,望见一妇人,抱一儿,携一儿。军且及矣,弃其所抱,抱其所携而走。儿随而啼,妇人不顾。齐将问儿:“走者谁?”曰:“吾母也。”齐将追而问。妇对曰:“所抱者兄子,所弃者妾之子也。军至,力不能两存,宁弃妾子耳。”齐将曰:“兄子与己子,孰亲?”妇人曰:“己之子,私也。兄之子,公也。子虽痛乎,独谓义何?”于是齐将按兵而止,使言于君曰:“鲁未可伐也。山泽妇人,犹知行义,而况士大夫乎?”遂还。鲁君闻之,赐妇人束帛百端<sup>①</sup>,号曰义姑姊。君子曰:义其大哉!虽在匹妇,国犹赖之。

*吕氏曰:义则义矣,然而未闻道也。己之子,夫之子也,非妇人所得专也。设夫有众子,或夫在可以复生,兄先亡,或遗孤而为父后,如义姑者,可矣,不则虽以义夺情,终非万世之常经也。然则奈何?曰:“两存之,以乞生于*

齐将。不得，则死之。孰存孰亡，惟儿所值耳。"至于齐将之料，则可悲矣。鲁士大夫，如义姑者几人哉！

【注释】①百端：各种各样；百般。

【译文】春秋时期，齐国去攻打鲁国，到了郊外地方，看见有一个妇人，一只手牵了一个孩子，一只手抱了一个孩子，眼看齐国的兵士就要追上来了，那个妇人赶紧把手里正抱着的孩子丢下，再一把抱起刚才牵着的孩子向前疾跑，被丢弃的孩子远远跟在后面大哭，这个妇人却不管不顾。齐国的将领抓到那个被丢弃的孩子问道："前面跑的那个人是谁？"孩子答道："是我的母亲。"齐国将领追到妇人，问道："你丢了先前手里抱着的孩子，却带上牵着的孩子一同逃走，这是什么缘故呢？"妇人说："我现在抱着的，是我哥哥的儿子。那个被丢下的，是我自己的儿子。大军追来，我没有能力同时保护两个孩子，只能把我自己的孩子丢下了。"齐国的将官听了，就说："哥哥的儿子和自己的儿子，哪一个更亲呢？"那妇人说："对于自己的儿子，是一种私爱。对于哥哥的儿子，是一种公义。舍弃自己的儿子，虽然心痛，可是在道义面前，我又有什么办法呢？"听了妇人的这番话，齐国的将官立即下令军队停止前进，派人向国君报告说："现在攻打鲁国还不是时候。鲁国的一个山野女子，都晓得履行道义，何况是那些士大夫呢？"接着就带兵回去了。鲁国国君得知了这件事，就赐给那个妇人许多布帛等物作为奖励，并且封她一个名号，叫作"义姑姊"。有些有道德的君子评论说：这个妇人真是有大义啊！虽然只是一个普通的民妇，整个楚国都因她而得救了哩！

吕氏则说：有义是有义，但是还没有闻道啊！自己的儿子，也是丈夫的儿子，不是妇人自己所专有的。假设丈夫有很多儿子，或这丈夫在世还可以再生，而兄长先去世遗下的孤儿将来要为他父亲传宗接代，那么像义姑这样做是可以的，否则的话，虽然是为了公义而舍弃私情，终究是不能作为后世效法的榜样的。然而究竟该怎么办呢？答曰："两个都要保护好，向齐将乞求。如果不成，最多不过一死。最后谁生谁死，那就看孩子各自的天命了。"至于齐将所预料的情况，真是可悲啊。鲁国的士大夫，能够像义姑那样的人又有几个呢？

李文姬者，赵伯英妻，汉太尉固之女也。固为梁冀所杀，二子俱死狱中。少子燮，为文姬所匿，密托固门生王成曰："李氏一脉，惟此儿在。君执义<sup>①</sup>先公，有古人之节。今以六尺奉托，生死惟足下。"成遂引燮浮江，入徐州界，变姓名为酒家佣。酒家异之，以女妻燮。后遇赦得还。

【注释】①执义：坚持合理的该做的事。

【译文】汉朝赵伯英的夫人李文姬，就是太尉李固的女儿。李固被奸臣梁冀杀死了，有两个儿子也死在了狱中。只有他的小儿子李燮，被李文姬藏起来躲过了。李文姬偷偷地托了李固的学生王成，对他说："我李氏一脉，就只有这个小孩在了。您是个有道德的君子，有古人的高风亮节。现在我将这六尺小儿奉托给您，他的生死就拜托您了。"于是王成领着李燮渡过长江，进入徐州。李燮在这里隐姓改名，做了一个酒保。酒店的主人看到李燮言谈举止非一般人可比，就把女儿嫁给了他。后来朝廷赦免了李家的罪，李燮才得以回家。

## 姒娣之道

姒娣，今所谓妯娌<sup>①</sup>也。异姓而处人骨肉之间，构衅<sup>②</sup>起争，化同为异，兄弟之斧斤<sup>③</sup>也。录古今贤妯娌。

【注释】①妯娌：指兄弟妻子之间的关系。②构衅：结怨。③斧斤：斧子。

【译文】姒娣，就是现在所说的妯娌。她们来自不同的家庭，却共同处在同一血脉的家庭之间，她们容易让兄弟间结怨，挑起纷争，化同心为异志，就像是存在于兄弟之间的斧子一样，会伤人伤己。现辑录一些古今贤德的妯娌间的故事。

昌化章氏，兄弟二人，皆未有子。兄先抱族人子育之，未几，其妻生子诩。弟曰："兄既有子，安用所抱之儿为？幸以与我。"兄告其妻，妻曰："无子而抱之，有子而弃之，人谓我何？"兄固请，嫂曰："无已，宁与我所生者。"弟不敢当，嫂竟①与之。后二子皆成立，长曰栩，季曰诩。栩之子樵标，诩之子铸鉴，皆相继登第，遂为名族。

吕氏曰：世俗兄弟可笑矣。借马而饥渴在怀，借衣而揲浣是嘱，况乏嗣始得之儿，分以与弟！无德色，无吝心，顾不难哉？要之嫂氏之贤，不可及矣，割肉相与，虽舅姑难强之从，况意不出于夫子耶？天昌②其后，殆和气所召与。

【注释】①竟：终于；到底。②昌：指使昌盛。

【译文】宋朝昌化地方，有章姓兄弟二人，他们都没有儿子。哥哥就领养了一个族中的孩子来抚养。哪知隔了不久，妻子就生了个儿子，取名叫章诩。弟弟就对哥哥说："你既然已经生了儿子，还要领养来的儿子做什么呢？不如就给我吧。"哥哥就去跟妻子商量，妻子说："自己没有儿子的时候，便去领养他。生了儿子，便把他丢弃。人家会怎么看我呢？"但是弟弟再三请求，嫂嫂回答说："你若非要不可，那就把我的亲生儿子给你吧。"弟弟不敢接受，可是嫂嫂最终还是把亲生儿子给了小叔。后来兄弟两人长大成人，老大叫章栩，老小叫章诩。章栩的儿子章樵、章栖，章诩的儿子章铸、章鉴，先后都中了进士。于是章家在乡里成了很有名望的人家。

　　吕氏说：世俗的兄弟真是令人可笑。借马给对方就告诫要喂饱饮足，生怕虐待了自己的马。借衣给对方就嘱咐不要弄脏弄皱，生怕穿坏了。何况好不容易得来的儿子，竟给了弟弟，而没有一点施恩于人的神色，也没有一点吝啬的心理，难道不是很难得的吗？把自己的亲生骨肉送给别人，章嫂的贤德，真是难能可贵呀！这种情况对一般人来说，即使是公婆做主，也难以勉强顺从，何况丈夫也没有这个意思呢？上天让他的后代昌盛，大概是因为和气所感召的吧！

　　苏少娣，姓崔氏。苏兄弟五人，娶妇者四矣，各听女奴语，日有争言，甚者阋墙①操刃。少娣始嫁，姻族皆以为忧。少娣曰："木石鸟兽，吾无如彼何矣，世岂有不可与之人哉？"入门事四嫂，执礼甚恭。嫂有缺乏，少娣曰："吾有。"即以遗之。姑有役其嫂者，嫂相视不应命，少娣曰："吾后进当劳，吾为之。"母家有果肉之馈，召诸子侄分与之。嫂不食，未尝先食。嫂各以怨言告少娣者，少娣笑而不答。少娣女奴以姒娣之言来告者，少娣笞之，寻以告嫂引罪。尝以锦衣抱其嫂小儿，适便溺，嫂急接之，少娣曰："无遽，恐惊儿也。"了无惜意。岁余，四嫂自相谓曰："五婶大贤，我等非人矣。奈何若大年，为彼所笑。"乃相与和睦，终身无怨语。

　　吕氏曰：天下易而家难，家易而姒娣难。专利辞劳，好谗喜听，妇人之常性也。然始于彼之无良，成于我之相学。三争三让，而天下无贪人矣。三怒三笑，而天下无凶人矣。贤者化人从我，不贤者坏我犹人，吾于苏少娣心服焉。

　　【注释】①阋墙：指兄弟之间不和，又常比喻内部矛盾，有不和、内讧。

【译文】宋朝时候，有一个女子名叫崔少娣，嫁到了苏家去做媳妇。她的丈夫弟兄共有五人，已经娶了四个嫂嫂。兄弟几人都各自听信妻子的话，每天都有争吵，甚至有打斗拼命的事情发生。崔氏刚嫁到苏家的时候，亲戚们都替她担忧。崔氏说："如果是木石鸟兽，我就拿它没办法了，世上哪有相处不好的人呢？"刚一进门，崔少娣对待四位嫂嫂便很有礼貌，恭敬有加。嫂嫂们谁有需要用具使用的时候，她便说："我这里有多余的。"随后就把自己的送给她们。婆婆吩咐嫂嫂们去料理家务，如果嫂嫂们相互观望没人应命的话，少娣便说："我是新进门的媳妇，应该多料理家务，这些事我来做！"有时候从娘家捎来一些果肉之类的东西，少娣总是将子侄们都召来分给大家。如果嫂嫂还没有吃上口，自己决不先吃。嫂嫂们时常向她抱怨，少娣总是笑着，一句话也不说。但如果有底下人到她那儿来搬弄是非，说嫂嫂的坏话时，她就用家法惩处她们，并且把这些告诉嫂嫂，请求恕罪。她穿着锦衣照顾年幼的侄儿时，侄儿的尿尿脏了她的衣服，嫂嫂急忙接过孩子，但少娣说："别慌，不要惊吓到孩子了！"她一点也不介意。就这样过了一年多，四位嫂嫂都很感动，大家都说："五婶真是太贤德了，我们跟她相比，真不是人啊。为何我们这么大年纪的人，却要被人家笑话呢？"从此，大家就都和睦相处，相互间一点怨言都没有。

吕氏说：要治理好天下并不难，难的是先把家治理好；要把家治理好也不难，最难的是姙娌间如何才能和睦相处。只想着占小便宜，不愿意多干活，喜欢谈论是非、好打听别人的隐私，这些都是女人家的常病。但是不管过去别人有多么不好，从现在开始，我可以为大家做个好样子。不管别人怎么争，我只一味对他容让，他的贪心渐渐就没有了；不管别人如何敌视自己，我只一味以和气相待，他的暴戾之气慢慢就消尽了。有智慧的人能把别人变得像自己一样好，没有智慧的人会把自己变得和别人一样坏。我对苏少娣真的是打心眼里佩服啊！

何氏，永嘉王木叔妻也。初归王氏，家甚贫，何氏佐以勤俭，家用遂饶。一日语夫曰："子可出仕，奈弟妹贫寒何。橐<sup>①</sup>中余资，请以分之。"夫喜曰："是吾志也。"旦日尽散，簪珥不遗。木叔既仕，又曰："弟妹尚困，有田如许，何不畀之？"夫喜曰："此尤吾志也。"遂以田与弟妹。一郡称为贤妇。

吕氏曰：憎同室而专货利，妇人莫不尔。欲其彼我分明已难，况尽推所有与弟妹乎！其夫喜而从之，友于<sup>②</sup>可概知矣。

【注释】①橐：音陀。口袋。②友于：《书·君陈》："惟孝友于兄弟。"后即以"友于"为兄弟友爱之义。

【译文】宋朝时，王木叔的家里非常穷苦，他的妻子何氏是永嘉人，很勤俭地帮助丈夫。于是家境渐渐好起来了。有一天，何氏对她的丈夫说："你可以出去做官，但是弟弟妹妹很穷苦。我们家里多下来的钱，都拿出来分吧。"王木叔听了说："这个正合我的心意。"第二天就把家中的余钱都分了，连一枝发簪、一副耳环也没有留下。王木叔做了官，何氏有一天又对丈夫说："弟弟妹妹现在还很穷苦，我们有这么多田地，何不分给他们呢？"王木叔听了，很欢喜，就答道："这更合我的心意。"就把田地也分给了弟妹。因此一县里的人，个个称赞她是贤德的女子。

吕氏说：一家人中相互憎厌，有好东西恨不得自己一个人独占了，一般妇人没有不这样想的。想要她们安于自己应得的一份已经很难，何况把自己拥有的都让给弟妹呢？她丈夫能够高高兴兴地听从，这位做兄长的对弟妹们的友爱之情大致也就可想而知了。

# 姑嫂之道

舅姑之女，兄弟之妻，分莫亲，情莫厚者也。然二人者，每不相得<sup>①</sup>，则女过为多焉。父母无终身之依，姊妹非缓急之赖，继父母而亲我者谁也？独奈何恃目前城社，伤后日松萝哉。夫君子言古道："不计世情。"余云云，为儿女子说也。

【注释】①相得：互相投合，比喻相处得很好。

【译文】小姑子是公婆的女儿，嫂子是兄弟的妻子，亲戚中没有比这种关系更亲密的了，情义上也应该是没有比这种关系更深厚的了。但是姑嫂之间，经常是彼此相处得并不好，一般来说，小姑子的过错要多一些。父母再好，总有离开的一天，不可能做自己终生的依靠；姐妹再好，终究要嫁到别人家去，急难之时，未必能帮得上多少忙。在父母离开后还能像父母一样亲我爱我的人到底是谁呢？怎么能够只知道倚仗着眼前父母对自己的宠爱，而伤害了姑嫂之间的感情，让自己没有了今后长久的依靠呢？有人引用古语说："这就叫不懂得人情世故。"我说这些，都是为儿孙中的女孩子们说的呀。

欧阳氏，宋人，适廖忠臣，逾年而舅姑死于疫。遗一女闰娘，才数月，欧阳适生女，同乳哺之。又数月，乳不能给，乃以其女分邻妇乳，而自乳闰娘。二女长成，欧阳于闰娘，每倍厚焉。女以为言。欧阳曰："汝，我女。小姑，祖母之女也。且汝有母，小姑无母，何可相同？"因泣下。女愧悟，诸凡让姑，而自取余。忠臣后判清河，二女及笄<sup>①</sup>，富贵家多求佹氏。欧阳曰："小姑未字，吾女何敢先。且聘吾女者，非以吾爱吾女乎。"其问诸邻人，卒以富贵家先闰娘。簪珥衣服器用，罄其始嫁妆奁之美者送之，送女之具不及也。终其身如是。闰娘每谓人曰："吾嫂，吾母也。"欧阳殁，闰娘哭之，至呕血，病岁余。闻其哭者，莫不下泪。

吕氏曰：姑嫂，世所谓参商人也。嫁女之家，闻有小叔姑则戚，而嫂亦厌恶此两人，若不可一日有。何者？为母耳目，谮愬相虐也。世之为嫂者，诚如欧阳氏贤，则举世皆闰娘矣。吾于是知一人尽道，两人成名，同室仇雠，过分多寡耳，难以罪一人也。

【注释】①笄：古代特指女子十五岁可以盘发插笄的年龄，即成年。

【译文】宋朝时，廖忠臣的妻子复姓欧阳，公婆都染病去世了。留下了一个女儿，名叫闰娘，才生下来只有几个月。那时候，刚巧欧阳氏也生下了一个女儿，就和小姑同养着，小姑、女儿一同吃奶。过了几个月后，奶汁不够了。欧阳氏让自己的女儿到邻居家讨奶吃，自己的奶水留给闰娘。两个女孩长大成人，欧阳氏总是厚待闰娘。因此，她的女儿问母亲这样做的原因。欧阳氏对女儿说："你是我的女儿。小姑是祖母的女儿。但是你尚且有母亲我在，而小姑却已经没有母亲了。这怎么能够相同呢？"说到此，她便伤心地哭泣起来。她的女儿听后感到很惭愧，自此凡是什么事情总是先让小姑，而自己总是取剩下的。后来廖忠臣去清河做通判，等到这两个女孩成年，富贵的家庭大部分是给她的女儿说媒。欧阳氏说："小姑还未嫁，我的女儿怎么敢在前面成婚呢？而且如果先嫁我的女儿，难道不会认为是我偏爱自己的女儿吗？"她向邻居说了这些事情，最终还是挑富贵的家庭把闰娘先嫁了。精美的簪珥饰物以及衣服、器物，把所有最好的嫁妆都给了廖闰娘，而给自己的女儿就没有那么好了，终其一生都是如此。闰娘经常对人说："我的嫂嫂，就是我的母亲。"欧阳氏后来去世的时候，闰娘一直痛哭直至吐血，病了一年多。只要听见她哭泣的人，没有不感动落泪的。

吕氏说：姑嫂之间的关系，世人称就像参商二星之间的关系，总是隔得很远。嫁女儿的人家听说对方家里有小叔或小姑，总是很担心，而作为嫂嫂对这两个人也总是比较厌恶，几乎一天都不能容忍。为什么呢？因为他们是母亲的耳目，常常在背后谗毁攻讦自己。这个世间做嫂嫂的，如果都像欧阳氏一样的贤德，那么世上的小姑就都像廖闺娘一样了。我因此知道只要一方尽到道义，双方都可以成就贤良的名声。一家人相互仇恨，双方的过错只是有多有少而已，难以只怪罪一个人啊！

陈安节之妻王氏，始嫁岁余，而夫卒，遗孤甫月。家贫，王氏躬操勤苦如男子。修行最谨，教子孙有法，家渐以饶。乡人敬之，呼曰堂前①。初堂前之归陈氏也，舅姑殁时，夫之妹尚幼。堂前教育抚字如女。及笄厚嫁之。舅姑殁，妹求分财，堂前尽出室中所有与之，无吝色。妹得财，尽为夫淫荡所罄，贫不能自存。堂前又为置田宅，抚诸甥如己出，终无怨语。

吕氏曰：堂前孝养舅姑，教育子孙，周恤宗族，广施阴功，砥砺名节，无一不善者。而姑嫂之情，尤世所希，余特表而出之。

【注释】①堂前：代指母亲。

【译文】宋朝陈安节的妻子王氏，刚嫁过去不久丈夫便去世了，而且还留下一个月大的孩子。她的家里很贫穷，王氏像男子那样亲自勤苦劳动。她修养德行很是谨慎，教导子孙也很有方法，后来家庭情况也越来越好。乡里的人也都非常敬重她，都称呼她为"堂前"。王氏刚嫁到陈家来的时候，小姑还很幼小，王氏就像母亲一样教养着小姑。到了成年要出嫁的时候，为小姑准备了很丰厚的嫁妆。后来公公婆婆过世以后，小姑回娘家要求分父母的遗产，王氏就把家中所有的东西都给了小姑。小姑得到这些财物，不久就被丈夫花天酒地全都用光了，穷得过不下去。王氏知道后又为他们买田、造屋，并且像对待自己的孩子那样抚养着外甥，自始至终一点怨言都没有。

吕氏说："堂前"孝顺奉养公婆，教育自己的子孙，周济抚恤同族之人，广泛地布施阴功，砥砺磨练自己的名节，没有一点过失。并且在她身上所体现的姑嫂之间的情谊，尤其是世间所稀有的，我在这里特别提出给予称颂。

邹媄，宋人，继母之女也。前母兄，娶妻荆氏。继母恶之，饮食常不给，媄私以己食继之。母苦役荆，媄必与俱。荆有过误，媄不令荆知，先引为己罪。母每扑荆，则跪而泣曰："女他日不为人妇耶？有姑如是，吾母乐乎？奈何令嫂氏父母，日蹙忧女之眉耶？"母怒欲答媄，媄曰："愿为嫂受答。嫂实无罪，母徐察之。"后适为士人妻，舅姑妯娌姊妹，知其贤也，皆敬重焉。媄归宁①，抱数月儿，嫂置诸床上，儿偶坠火烂额，母大怒。媄曰："吾卧于嫂室，不慎，嫂不知也。"儿竟死，荆悲悔不食。媄不哭，为好语相慰曰："嫂作意耶。我夜梦凶，儿当死，不则我将不利。"强嫂食而后食。母后见女之得爱于夫家也，竟成慈母。媄尝病，嫂为素食三年。媄五子，四登进士，年九十三而卒。

吕氏曰：小姑如姑，嫂甚畏之。媄异母也，视嫂乃如是，多寿、多男子、多贵，殆天所以报贤人哉？吾乡大小姑贵重，出嫁之女，与母列坐，坐居左。弟妇与同席，则叩头告坐，大姑立受之，稍不当于心，则辞色如父母。惟贤者不然，然者强半也。读此传，宁不汗颜。

【注释】①归宁：回娘家省亲。

【译文】邹媄，宋朝人，她的母亲是嫁给人做继母。去世的前母生了一个哥哥，她们算是同父异母的兄妹，而她的哥哥娶了嫂子荆氏。邹媄的母亲虐待她的嫂嫂，不供给她的嫂嫂饭吃，邹媄常常会把自己的食物拿去给她吃，很体恤她的嫂嫂。母亲给嫂嫂很多的工作，让她都负荷不了。她就赶紧陪她的嫂嫂一起做，分担她的辛劳。她嫂嫂做错事，她若发现了，不让嫂嫂知道，就先跑到母亲那里去说那件事是自己做错了。母亲每次责打她的大嫂，邹媖就跪下来流泪，说："女儿以后不也是要当人家的媳妇吗？如果我也有这样的婆婆，我的婆婆也这么打我，你会高兴吗？母亲你这么做，不是让我嫂嫂的父母每天都为自己的女儿担忧得眉头深锁吗？"结果她母亲听了更加生气，反而要打她，她说："我甘愿替嫂嫂挨打，嫂嫂并没有做错什么，母亲你可以慢慢地观察一下，可能有很多事情是你看错，误会了。"后来她嫁给了一位士人做妻子。公婆、姊妹以及妯娌知道她很贤良，所以都很敬重她。有一次，回到娘家来，她抱着刚生下几个月的婴儿。嫂嫂也很喜欢，就把他抱到自己的床上，这个孩子不小心坠到火堆里面去，烧坏了额头，她母亲大怒。邹媖说："是我自己带着孩子睡在嫂嫂的房间里不小心而烧伤，嫂嫂根本不知道这件事。"后来这个小孩竟然死掉了，嫂嫂后悔难过得吃不下饭。邹媖当着嫂嫂的面忍住不哭，还好言安慰她的嫂嫂说："大嫂你这是干什么呢？我晚上做了个梦，梦到这个儿子本来就该死，他若不死，我就要有祸事了。"她要嫂嫂一定要吃饭，非得等嫂嫂吃了，自己才肯吃。她的母亲后来发现邹媖在丈夫家非常受宠爱，她的母亲最后也成为了一位慈祥的母亲。邹媖曾经有一次生病，嫂嫂为邹媖祈福，发愿吃素三年。邹媖生了五个儿子，有四个考上进士，享年九十三岁。

吕氏说：小姑如同婆婆，一般做嫂子的都很惧怕。邹媖和哥哥不是一母生的，却能够这样善待自己的嫂嫂，她寿命长，生了很多儿子，一生尊荣富贵，这大概是上天要报答贤人吧。我的家乡大小姑在娘家的地位都很高，出嫁的女子和母亲同坐在一起，坐在母亲的左侧。而弟弟的媳妇同坐在一起的话，入座前给婆婆叩头行礼，大姑竟然也会站在一旁同时受礼。稍有不如意，大姑就像父母那样严厉责骂。只有少数贤德的女子不会这样，但大多数都是如此。这些人读了邹媖的事迹，难道不会感到羞愧吗？

# 嫡妾之道

有家之凶，嫡妾<sup>①</sup>居其九。尧于舜，既历试诸艰矣，犹以二女难之。彼二女者，何烦舜难哉！况夫非舜，嫡妾非同胞之亲，无英皇之贤，而欲其志同行也，不亦难乎！是故夫道严正，嫡道宽慈，妾道柔顺，三善合而太和在闺门之内矣。

【注释】①嫡妾：正妻与妾。

【译文】如果家里有不和睦的事发生，十有八九是发生在嫡妾之间。尧把两个女儿嫁给舜，舜虽然已经经受了很多艰险的考验，但还是为两个妻子之间的关系感到为难。那样贤德的两个女子，有什么让舜烦恼为难的呢？更何况做丈夫的不是舜，做嫡妾的也不是同胞姐妹，也没有女英和娥皇的贤德，却想让她们志同道和，不是更难吗？所以说，为夫之道在于严明正直，为妻之道在于宽厚仁慈，为妾之道在于温柔和顺，这样三种好的品德合在一起，家庭就能平安和顺了。

女宗者，宋鲍苏之妻也。鲍苏仕卫三年，而娶外妻。女宗养姑甚谨。因往来人问候其夫，赂遗外妻甚厚。其嫂曰："夫人既有所好，子何留乎？"女宗曰："妇人一醮(嫁时别酒)不改，供衣服以事夫子，精酒食以事舅姑，以专一为贞，以善从为顺，岂以专夫之室为善哉？！忌夫所爱，是谓贪淫，妇德之耻也。夫礼，天子十二，诸侯九，卿大夫三，士二。今吾夫诚士也，有二，不亦宜乎？且妇人七去<sup>①</sup>，妒正居一。嫂不教吾以居室之善，而欲使吾为可弃之行耶？"不听。宋公闻之，表其闾曰女宗。

吕氏曰：女无美恶，入宫<sup>②</sup>见妒，此妇人常性也。女宗于夫之外妻，不直不妒，又厚遇之。以是相与，而夫不感其贤，妾不乐其德，以酿一家之和气者，未之有也，可为妇人之法。

吕新吾《闺范》（有序）

【注释】①七去：又称"七出"，即古代妇女遭到休弃的七种原因。②宫：古代对房屋、居室的通称。

【译文】女宗，周朝时候宋国人鲍苏的妻子。鲍苏到卫国做官，三年后在外面又娶了一个妻子。鲍妻在家里尽心尽力地侍奉婆婆，常常托往来的人问候远地的丈夫，并且每次都给那位外妻捎去了厚重的礼物。她的嫂嫂说："您既然也有喜欢的东西，为什么不留下来呢？"她却说："妇道就是从一而终，嫁一个丈夫就不更改，而且要供给衣物等来侍奉丈夫，用美味可口的饭菜来事奉公婆，以专一为节操，且要善良、顺从，怎么能够以一己之私专爱自己的丈夫呢？妒忌丈夫所爱的人，那就是贪淫，是妇德所耻辱的。按照国家的礼法，天子能有十二房太太，诸侯能有九房，卿大夫能有三房，士人能有二房。现在我的丈夫是士，有两房太太，不是很合适吗？况且妇人遭休弃的七种原因，妒忌正是其中的一种。嫂嫂现在不教导我持家过日子好方法，而想让我去做那些被人所唾弃的事情吗？"她不听从嫂嫂的话。后来宋国的国君知道了这个事情，专门赐她"女宗"两个字的匾额，悬挂在他们家的大门上方，以示表彰。

吕氏说：女子不管长得美貌还是丑陋，一旦嫁到人家做小妾，就一定会遭到正妻的嫉妒。因为嫉妒是一般女子的通病。鲍苏的妻子对于丈夫的外妻不但不嫉妒，而且还对外妻很厚待。正妻能以这样的态度相处，而丈夫却不感激妻子的贤德，外妻不爱戴她的德行，以共同营造一家人的和睦气氛，那是从来没有过的。鲍苏之妻的做法可为一般妇人所效法。

花云妻郜氏，妾孙氏，俱怀远人。云守太平，与陈友谅战，为所缚，不屈而死。郜生子炜方三岁。郜闻城将陷，以牲酒祭家庙，会家人，泣曰："城破，花将军必死，吾岂能独生哉！幸有婴儿，不可使花氏无后，若等善视之。"遂赴水死。孙瘗①郜尸，遂抱儿以行。脱簪珥，觅渔舟渡江。遇乱军夺舟，弃孙于水，孙抱儿，遇断木浮至，附之，入苇洲。采莲实哺儿，七日不死。夜半闻人语声，呼之，逢一翁，自称雷老，引达帝所。孙抱儿拜且哭，帝亦哭，置儿于膝曰："此将种也。"雷老忽不见。炜后拜水军左卫指挥使，偕孙至太平，奉郜骸骨，为云刻像，合葬上元县。

吕氏曰：炜非孙氏出也，乱离之际，忍九死以全孤，卒收夫与嫡而合葬焉，士女淑媛，不在贵贱间矣。身忠臣，妻节妇，妾贤人，孰谓花将军死哉！

【注释】①瘗：音义。掩埋，埋葬。

【译文】明朝大将花云的妻子姓郜，小妾姓孙，她们都是安徽怀远人。花云戍守太平，后来陈友谅攻破了太平县城，花云被抓住，因为不屈服被贼人杀死了。当时郜氏的孩子花炜只有三岁。她听说太平城将被攻陷，便以牺牲和酒食祭祀祖庙，哭泣着说："城被攻破了，花将军肯定死了，我又怎么能独自生存呢！幸好还留下了一个婴儿，使花家不至于绝后，请你们好好善待他吧。"随后投水死了。孙氏埋葬了郜氏的尸体，便抱上孩子逃难。孙氏摘下了头上戴着的簪和耳环，寻到一条渔船准备渡江，恰好遇上乱兵，船只被抢，孙氏也被推入水中。孙氏紧紧抱住怀中的孩子，刚好有一块断木头从江的上游漂流了下来，孙氏就攀附在这块木头上，随流漂到了芦苇丛生的小洲里。孙氏就采了莲蓬，剥了莲子给花炜吃。这样过了七天，两个人居然都没有死。一天半夜，忽然听得岸上有人说话，孙氏就去喊他，这样碰到了一位老人，自称是雷老，领他们到了明太祖的住地。孙氏抱着孩子一面拜一面哭，太祖皇帝也哭了，抱起孩子放在自己的膝上说："这是大将的苗种啊!"这时，刚才领他们来的那位雷老却突然不见了。花炜长大后果然当上了水军左卫指挥使，带着孙氏来到当年的太平县城，找到郜氏的遗骨，又为花云刻了像，将他们合葬在上元县。

吕氏说：花炜不是孙氏生的，但是在战乱纷离之际，孙氏历经九死一生，保全了孤儿，最终将丈夫与嫡妻郜氏合葬在一起。由此可见，士女贤淑美好，与她出身的贵贱并没有多大关系。花将军忠心为国，他的妻子郜氏贞节，妾孙氏贤德，他们的事迹历历在目，谁说花将军已经不在人世了呢？

## 婢子之道

婢也贱，何以录，录贤也。论势分，则大夫士庶人妻，不相齿。论道义，则沟壑饿莩，可与尧舜共一堂。何言贵贱哉！

【译文】奴婢，是地位低贱之人，有什么可记录的呢？这里录的是她们中的贤德之辈。以势力身份来讲，那么士大夫和老百姓的妻子之间，无法相提并论；从道义上来讲，那么就是出身山沟的贫苦百姓，也可以和尧舜共处一堂。这又怎么能以出身贵贱来区分呢！

会稽瞿素，士族之女也。聘而未嫁，贼至欲犯之，临以刃不从。其房婢名青者，跪而泣曰："无惊我姑氏，青乞代死。"贼竟杀素，又欲犯青，青曰："我欲代姑，冀全其名节性命耳。姑既见杀，我生何为？"遂骂贼，贼怒，复杀之。

吕氏曰：青之代素，忠也。不受辱，贞也。忠贞两字，士君子且难，况婢女乎！

【译文】会稽郡的翟素，是当地士族之人的女儿。她与人订了婚，但是还没有出嫁。有一次，她被贼人抓住了，贼人想要侵犯她，并用刀子威逼她，但她宁死不从。翟素有个名字叫小青的侍婢，跪在地上哭着说："不要惊吓到我家小姐，我愿意代小姐去死。"贼人最后还是杀了翟素，然后他又想侵犯侍婢小青。小青说："我想代小姐去死，只是希望能保全她的名节和性命。现在小姐已经被杀了，我还活着干什么呢？"于是大骂贼人。贼人因此大怒，又把侍婢小青也杀了。

吕氏说：侍婢小青想代翟素去死，是对主人的忠诚；不愿忍受贼人的侮辱，是贞节。忠贞这两字，就是一般士君子也难做到，何况是一个婢女呢！

卷下

# 王孟箕家训——御下篇

（名演畴, 江西彭泽人, 万历进士, 任山西副使。）

　　谨按: 宽仁慈惠, 妇女之德, 即妇女之福也。妇女不与户外, 其不宽、不仁、不慈、不惠, 或难施于外人, 而先施于门内。门内①如翁姑夫子女, 或犹有不敢不忍之意。其可以逞其不宽、不仁、不慈、不惠者, 惟此日夕相对之奴婢耳。故入其家, 观其奴婢, 而有以知妇之良与不良也。兹篇所言, 女子御下, 酷烈暴虐之态, 可谓推见至隐, 极情尽致矣。亦思为妇女而至于如此, 贤乎不贤乎? 人将畏而敬之乎, 抑厌而远之乎? 天将予之福禄乎, 抑加之以灾害乎? 不有人祸, 必有天灾; 不于其身, 必于其子孙。吾愿为士夫者, 持此一通, 令妇女辈, 常相借镜②, 转相传述, 庶几无则加勉, 有则改之。救得一分不良之性, 即留一分之福泽也。

　　【注释】①门内: 指家里。②借镜: 同借鉴。

　　【译文】谨按: 宽、仁、慈、惠, 是妇女之德, 也是妇女之福。妇女不参与外事, 如果一个妇人不宽、不仁、不慈、不惠, 或许难以对外人怎么样, 首先遭殃的倒是自家人。而自家人中, 在面对自己的公公、婆婆、丈夫和子女时, 或许又还有所顾忌, 不敢或不忍心做得太过分。自己家中可以放肆地逞其不宽、不仁、不慈、不惠的对象, 就只有朝夕相对的奴婢了。所以走进某家, 只须观察奴婢举动, 便可推测主妇的品行是好还是不好。本篇所言女子对待下人的残暴行为, 可以说把双方当时的种种心理状况都剖析得入木三分。想想作为一个妇人，做出这样的事情来，是聪明还是愚蠢呢？别人会因为惧怕而更加尊敬你呢？还是会因为厌恶而离你越来越远呢？上天将会降给你福禄呢？还是降给你灾祸呢？没有人祸，必有天灾；不降在自己身上，必然殃及子孙后代。我希望天底下做丈夫的，都能将这番道理告诉自己的妻子，教她们经常把这些当作自己的一面镜子，并互相转告，或许能起到有则改之，无则加勉的效果。能挽救一分不良的习性，就是为自家多留下一分福泽啊！

凡人家道稍温①，必蓄仆婢。彼资我之养，我资彼之力，盖相依而成人家。彼既有力，何处不可依人，而谓彼非我则无以为生者。误也。律有入官为奴之条。士庶之家，安得有奴？故仆曰义男，婢曰义媳，幼者曰义女，皆与己之儿媳子女同称。虽有贵贱，非犬马之与我不同类者。陶渊明所谓此亦人子也，可绎思②矣。

【注释】①温：温暖。此引申为富有。②绎思：寻绎追念。

【译文】一般来说，稍微富裕的家庭，必然养有仆夫、婢女。他借助我的资财，我借助他的劳力，彼此相互依附而成就了各自的家庭。他既有劳动能力，到处可以谋生，如果说他不依赖我就无法生存，那就错了。国家的法律有将罪犯家属没入官府做奴隶的条款，普通百姓的家庭，怎么能有奴隶呢？所以称仆夫为义男，称婢女为义媳，称幼小的婢女为义女，都与自己的儿媳、子女同等称呼。虽有地位上的高下之分，也应当相互尊重，不能像对待鸡犬牛马一样把他们不当人看。陶渊明说："他们也是父母所生。"这句话真值得我们细心去体味啊。

人家于此辈，衣服饮食，不加体恤，已失慈惠之道。若唾骂捶楚①，略无节制，残忍何堪！或当骂而竟挞，或宜量挞而加重挞，或无故挞之，此在男子容②有之，而妇人尤甚。妇人于仆婢皆然，而于小婢尤甚。

王孟箕家训——御下篇

【注释】①捶楚：杖击；鞭打。古代刑罚之一。②容：或许；大概；也许。

【译文】有些家庭中，对于仆夫、婢女衣服、饮食方面不能体恤照顾，已经失去了慈、惠之道。若再加以打骂，甚至没有了节制，或只当骂而打，或当轻打而重打，或无故遭打。这些举动，在男子中或许已经有了，而妇人往往比男子更厉害！这些妇人对仆婢们无不如此，对幼小婢女更厉害。

男子得仆以服伺于外，妇人得婢以服伺于内，皆可代己之劳，此男妇之所同也。惟妇人得仆婢，代为出入，而已得严内外之防，得供使令之役，是妇人之于仆婢尤切也。乃于所蓄仆婢，无端凌虐。或炊爨①而少窃腥蔬，或看茶而便窃茶果，此小过，恕之可耳。或叱骂之，量朴之足矣。乃以为罪大恶极而不可赦也，尽力鞭笞，不在人理相待之内。有舅姑闻声而不避，有妯娌力劝而不能。若丈夫禁之，则反甚其怒，犹曰彼为盗耳。又有命之服役而不谙，盖彼惟愚痴，故为人役耳，正可情遣理恕，而从容教之。乃持棍棒而押之，一面叱骂，一面视其干办。彼痛楚难堪，恐怖心胜，益周章②无措，而益捶挞不休，犹曰，此其不用心服役耳。又有因家之不如意，无名顿起（无故动火性），怨毒横生，遂迁怒于仆婢而挞之，视平昔更甚。青天雷电，平地风波，令彼躲闪无门，手足难措，岂不为无端业障哉！

【注释】①炊爨：音吹窜。烧火煮饭。②周章：回旋舒缓。引申为迟疑不决。

【译文】男子使唤仆夫服伺于外，妇人使唤婢女服伺于内，都是用来代替自己操办一些具体事务，这是男子和妇人相同之处。只有妇人有时还要让男仆和婢女，代替自己以出入家门内外，使自己既能够严守女子轻易不与外界接触的礼法，又能够办好丈夫或公婆交待的各类事务，担当起治理家政的使命，那么妇人对于仆婢的依赖就显得更重要了。但是有些妇人对待仆婢，往往却是无端凌虐。下人们或在厨房偷吃一点菜肴，或调配茶点时偷吃些茶果，这些小过失，对她们宽恕一点也就过去了，或者骂几句，最多打两下教训一番也就足够了。但是这些妇人往往却把这点小事看得跟罪大恶极不可饶恕一般，使尽全身力气责打下人，完全不把奴婢当人看待。即使被公公婆婆听到也不回避，有妯娌力劝也不罢休。若是丈夫出面制止，反而更加愤怒，还口口声声说她们是犯了偷盗之罪！又有的是让下人们去做事但因为不熟练而没有做好，要想到这些人正是因为愚钝，所以才来给人家当奴婢啊，这正是他们值得同情的地方，所以要慢慢地教导他们。如果手持棍棒在一边看守着，一边打骂一边强迫他们做事。仆婢痛苦难堪的同时，内心充满恐惧，越发不知所措，所以打起来越发是没完没了，还说是他们不用心干活的缘故。又有因家庭琐事不如意，无故大发脾气，怨气横生，就迁怒于仆婢，并施以毒打，比平常时候更狠。这种情况常常就像是晴天霹雳，平地风波，仆婢们即使做得再好，也无法逃脱厄运。这不是无缘无故就造了许多罪业吗？

　　夫法莫严于官府矣。打用竹板，笞用荆条，拶夹①刑具，止竹木之属，另有人数杖。就是大盗，亦未有杖之上百者。诸刑具止施于两臂手足，而胸背腰胁不及焉。而妇人不然也。房中便用火箸铁钳，厨中便用刀背，有节柴棍，其小者耳。挞之不计其数，甚至一日二三次捶挞之，腰背胁肋诸要害之处，不论焉。况官府中受杖之人，出则有人慰劳，有酒食暖臀，有棒疮膏药，此辈即有同类，不敢一目之顾，又安所得酒食疮伤药物哉！血肉之躯，原非金石，彼不速毙于杖下幸耳。况彼打骂之时，威不稍霁②，瞋目咬牙，如猫之捕鼠，狠心毒手，如虎之擒羊，分明一座活地狱。日中挞不计其早晨曾挞；晚间挞不计其日中曾挞，又何论今日挞，计其前日昨日已挞乎！且挞之时，有曰便打你死，不要偿命，不过要去了几两银子。嗟嗟！人命非蚁蚁也，但不计费，可任所为？殊不知善恶报应，天理昭彰，不及其身，必于子孙，岂银钱所能宽贷，良可惧也。

【注释】①挞夹：即挞指。旧时一种酷刑，用绳子穿五根小木棍，套着手指，用力收紧。挞，音攒。②霁：怒气消除。

【译文】官府的法律是严肃的，规定打用竹板，笞用荆条，挞夹刑具，只用竹木制成。行刑时，旁边有专人记数杖打次数。即使是大盗，杖打次数没有达到一百的。各种刑具限施于两臂及手足、胸、背、腰、肋等要害部位不准施刑。而妇人却不管这些，在房中便用火钳，在厨房便用刀背，至于带节的柴棍，就算是轻的了。打起人来不计次数。甚至一天之内要打二三遍。且随意乱打背腰胁肋等要害部位。况且官府中受杖刑者，出去后有人慰问，有酒食压惊，有棒疮膏药治伤。然而仆婢挨打后，仆婢之间却连探视一眼都不敢，又怎能得到酒食及棒伤药物呢？血肉之躯，不是金石，不当场打死就算幸运了。况且妇人在打人时，咸不稍减，嗔目咬牙，如猫捕鼠，狠心毒手，如虎咬羊，真是一座活地狱啊！白天打也不管早上是不是已经打过了，晚间打不管中午是不是已经打过了，又哪里去管什么今天打之前，要想想昨天或前天是不是已经打过了呢？并且有人一边打还一边说："反正打死你也不会要我偿命，不过赔上几两银子罢了！"可怜啊，可怜啊！人命不是蚊虫蚂蚁，就算是不要你破费银两，就可以这样任意糟蹋吗？殊不知善恶报应，天理昭彰，不报在自身，必殃及儿孙，这样的果报，岂是你破费几两银子就能够逃脱的吗？这种念头真是太可怕了！

欲闲①有家，须严于纳媳之始，所谓教妇初来也。盖新妇初来，就是素性刚狠<sup>②</sup>，自有许多含蓄不敢发处。欲挞仆婢，必要先禀白舅姑。月不过一二度，杖不过荆条，数不过三五下。倘有私挞暗地挞，姑查出而叱之。再不改，白其父母。又再不改，父责其子，姑责其媳，不妨过严，自不敢恣其胸臆。数月规矩已定，后来自能照行之。若初时稍纵，将来必势重不可返，无药可医矣。

【注释】①闲：治理。②刚狠：亦作"刚很"。犹刚愎。

【译文】要治理好家庭，必须从一开始娶媳妇的时候就要严格要求，所谓"教妇初来"就是这个意思。新妇初到婆家，即使平素性格刚狠，也会有所顾忌，不敢随意妄为。这时要让她知道，责打仆婢之前，必须先禀报公婆，每月最多不超过一二次，杖罚只能用荆条，数不过三五下。假如未经公婆允许，私自暗地打人，查出后，公婆要严厉叱责。再不改，告诉其娘家父母，又再不改，父亲要责罚儿子没管好自己的女人，婆婆可直接对媳妇进行处罚，纵然处罚严厉一些也无妨，好让她日后不敢为所欲为。这样用上几个月时间，把规矩定下来，以后自然能够遵照执行。假如当初稍有放纵，后来的情形必然一天比一天严重，以致再也难以挽回，那样就无药可救了。

若其刚狠自用，不听约束。及初来未严，养成挞人手熟者，又有一处焉。嫁卖之，彼必生衅。惟听其远遁投生，不为寻究，去后亦不复买。惟工雇童稚，应门捧茶。若又稍稍难为，明年并无肯为工雇者。非薄其妻，实所以成之也。惟丈夫刑家无道，只为不堪其聒噪。或已逃而必寻，或寻不获而复买。私心必曰，彼经此错，将来必改。不知妇怨无终，雨行旧路，将来不至挞死不已。是妇人之业，丈夫作之也。明有国法，幽有鬼神，其报应岂不谴及妇人，而并及丈夫哉？

【译文】如果新妇素来性格刚狠，凡事任性妄为，无法管束，娶进家门后一开始又没有严格要求，养成了随意打人的习惯，对待这种妇人还有一种处置的办法：如果将婢仆嫁出去或卖了，必定要生出事端，只有任其远逃，不去追寻，给她留个活路，婢仆逃走后也不再买新的，只是临时雇用童工端茶送水，帮忙做些杂事，这时如果妇人仍会对童工时有为难，来年就没有人肯受雇了。这样做并不是薄待自己的妻子，其实是为她好。只有那些治家无方的丈夫，因为受不了妻子的唠叨，或是在婢仆逃走后又把她追寻回来，或是追寻不到就又买回一个新的，此时因私心作怪，总是自己欺骗自己说，妻子经过这一次错误，以后一定会改好的。却不知道这种妇人心中的怨气是没有终结之日的，一定会不断地重复过去的老路，将来不到打死人是不会罢休的。那么这些妇人最终所造下的罪业，其实也就是她丈夫所造的了。明有国法，暗有鬼神，将来的报应落到这妇人头上的时候，怎么会不同时也牵连到那个做丈夫的呢？

王孟箕家训——御下篇

# 温氏母训（有序）

　　乌程①于石先生，以崇祯丙子举于乡。初名以介，后更名璜。举癸未礼闱②，筮仕③徽司理④。疆事坏死之。先帝后以节烈风万世，公夫人长安从容就义。遗集十二卷，末述先训，乃母夫人陆所身教口授者。信乎家法有素，而贤母之造就不虚也。夫颜训袁范，世称善则，类皆喆⑤士之所修立。未闻宫师垂诫，踵季妇大家而有言也者。有之，自节孝始矣。原集繁重，不利单行，爰再付梓，读者其广知奋兴乎？序失名。

　　【注释】①乌程：地名。一说在豫章康乐县(今江西省万载县)乌程乡，一说在湖州乌程县(今浙江省湖州市)。②礼闱：指古代科举考试之会试，因其为礼部主办，故称礼闱。③筮仕：古人将出做官，卜问吉凶。这里指初出做官。④司理：古代执掌刑法的官名。⑤喆：同哲。

　　【译文】家住乌程的于石先生，崇祯丙子岁乡试考取举人，原名于以介，后改名为于璜。癸未岁进京参加会试考中进士，出任甘肃省徽州司理参军，死于边疆事故，其夫人在长安从容就义。崇祯皇帝以其节烈予以表彰。遗集十二卷，末卷记述母训。全集系其母陆老夫人身教口授。可见于氏门中一向家法严明，一代贤母对子女的教导之功更是名不虚传。"颜训"、"袁范"被后世称为善则，都是先哲所撰。但是女子中，却从未听说过有哪位像古代的宫廷女师宋尚宫、曹大家那样能够垂诚后世的了，不过现在终于有了，教人要从节孝做起。原集篇章太长，不便全部收入本书，待以后再印成单行本。想必读到此书的人，都会大有收获并为之感奋的吧？（此序作者姓名不详）

谨按：温母之训，不过日用恒言。而于立身行己之要，型家应物之方，简赅切至，字字从阅历来。故能耐人寻思，发人深省。由斯道也，可不愧须眉矣，岂仅为清闺所宜则效哉！于石先生之气节凛凛，有自来也。敬录之，使凡为女子者，知为人妇、为人母，相夫教子，与有责焉。必明大义，谙物情，如温母者，乃尽妇人之道，勿以为止主中馈①而已也。

【注释】①中馈：指家中供膳诸事。

【译文】谨按：温母留下的这些教导，都是关于立身、行为、治家、待人接物等日常规范。字字从生活经验中总结，简明扼要，耐人寻思，发人深省。真的照着这些话去做，也就不愧做一个须眉男子了，岂止仅是女子所应该效法的呢？于石先生一生气节凛然，正是由此而来。特敬录作为所有女子教材，有责任使她们知晓怎样为人妇、为人母，如何相夫教子。像温母那样的人，才是真正尽了妇人之道，不要认为女人只是做一些烧茶煮饭之类的事情就足够了。

穷秀才谴责下人，至鞭朴而极矣。暂行知警，常用则玩。教儿子亦然。

【译文】穷秀才责罚下人，最严厉莫过于抽鞭子。偶尔打一二次，能起到警戒的作用，若经常如此，就成了儿戏了。教育子女也是一样。

贫人不肯祭祀，不通庆吊，斯贫而不可返者矣。祭祀绝，是与祖宗不相往来，庆吊绝，是与亲友不相往来，名曰独夫，天人不佑。

【译文】穷人因为生活困窘，就不肯祭祀祖先，与亲友间婚丧嫁娶之际所应行的庆贺或吊唁的礼节也渐渐免去，这样就会一直穷困下去，永远也没有翻身的时候了。因为废除了祭祀之礼，就是与祖宗断绝了往来；废除了庆贺和吊唁之礼，就是与亲友断绝了往来。这种人叫作"独夫"，老天爷和世上的人都不会帮助他。

凡无子而寡者，断宜依向嫡侄为是。老病终无他诿，祭祀近有感通。爱女爱婿，决难到底同住。同住到底，免不得一番扰攘官司也。

【译文】凡是没有儿子而又丧夫守寡的妇人，一定要依靠嫡侄生活才对，将来年老体病，嫡侄没有推诿之理。百年之后，每逢春秋祭祀，嫡侄虽然不是自己亲生，但是与自己丈夫有最亲近的血缘关系，所以一定会有感通。而自己的女儿女婿再好，却决难长久相依，勉强长久同住，官司纠纷在所难免。

凡寡妇，虽亲子侄兄弟，只可公堂议事，不得孤召密嘱。寡居有婢仆者，夜作明灯往来。

【译文】凡寡妇，虽是亲子侄兄弟，议事必须在有众人在场的厅堂举行，不得单独召来，私下说话。寡居有婢仆者，晚上往来，当秉烛持灯，明来明去。

少寡不必劝之守，不必强之改，自有直捷相法。只看晏眠早起，恶逸好劳，忙忙地无一刻丢空者，此必守志人。身勤则念专，贫也不知愁，富也不知乐，便是铁石手段。若有半晌偷闲，老守终无结果。吾有相法要诀，曰："寡妇勤，一字经。"

【译文】年轻寡妇，不必劝其守寡，也不要强迫她改嫁，看其行动便知。能晚睡早起，恶逸好劳，终日忙碌，无一刻空闲者，必是守志之人。身勤则念专，贫不知愁，富不知乐，这才是铁石手段。假如有半晌偷闲，决不会坚守到老。我有相法口诀："寡妇勤，一字经"，即寡妇勤劳，就能守志始终如一。

妇女只许粗识"柴、米、鱼、肉"数百字，多识字，无益而有损也。

【译文】一般家庭妇女，只要粗略认得"柴、米、鱼、肉"等几百个日常字就足够了。识字多，不仅无益，反而有损。（识字多，读书便多，百家千论，鱼龙混杂，若无明师传授指点，便分不清真伪善恶，不仅耽误工夫，荒废了本职工作，反而徒增傲慢习气，常常自以为是，不服管教，以致上下失和，内外失礼，于公于私，都是大损。）

凡人同堂同室同窗多年者，情谊深长，其中不无败类之人。是非自有公论，在我当存厚道。

【译文】一般来说，朝夕相处的一家人，或多年的同学朋友，相互之间都会有很深的情谊，当然其中也会有那么一些人，做起事来薄情寡义，但是非自有公论，在我只须厚道待他，不必与他计较。

世人眼赤赤，只见黄铜白铁。受了斗米串钱，便声声叫大恩德。至如一乡一族，有大宰官，当风抵浪的；有博学雄才，开人胆智的；有高年老辈，道貌诚心。后生小子，步其孝悌长厚，终身受用不穷的。这等大济益处，人却埋没不提，才是阴德。

【译文】世人两眼通红，只认得一个"钱"字。接受了人家一斗米一串钱，便称大恩大德。却不知在一乡一族之中，有挡风抵浪的正直大官，有开人胆识智慧的博学雄才，也有道貌诚心的高年长辈，年轻人学了他们的孝悌长厚，终身受用不穷。这样的大恩大惠，却被世人埋没不提，这才是他们的阴德所在啊！

周旋亲友，只看自家力量，随缘答应。穷亲穷眷，放他便宜一两处，才得消谗免谤。

【译文】与亲友间礼尚往来，要量力而行，随缘应对，不要强求。与穷亲戚们之间的往来，不要斤斤计较，宁可自己多吃些亏，才能避免人家在背后说你的闲话。

中年丧偶，一不幸也。丧偶事小，正为续弦费处。前边儿女，先将古来许多晚娘恶件，填在胸坎。这边父母，婢妇唆教，自立马头出来。两边闲杂人，占望风气，弄去搬来。外边无干人，听得一句两句，只肯信歹，不肯信好，真是清官判断不开。不幸之苦，全在于此。然则如之何？只要做家主的，一者用心周到。二者立身端正。

【译文】中年丧偶，不幸之一。丧偶事小，而再娶有许多关系不好处理。前妻儿女，先将自古以来后娘的种种恶行装满胸中，这边做后娘的又受父母、婢妇教唆,一心要树立自己的地位和尊严。两边闲杂人等在一旁观颜察色,寻找机会讨好卖乖、挑拨是非,加上外边不相干的人,偶尔听到一句两句,只肯信歹,不肯信好,真是清官难断家务事。后面的种种家庭矛盾和不幸,都是从这里生出。那么究竟该怎么办呢?只有一个办法,就是要这做家主人的,一要用心周到,能够及时发现问题,及时处理;二要立身端正,既不偏袒前妻所生的儿女,也不偏袒后妻,一言一行都要遵守礼义,为全家人做出好的榜样。

凡父子姑媳,积成嫌隙,毕竟上人要认一半过失。其胸中横竖道,卑幼奈我不得。

【译文】凡父子之间婆媳之间,天长日久有了矛盾,说到底做上辈的首先要承认一半过失。因为你是长辈,所以平日心中难免会想:谅他们也不敢把我怎么样!

贫人未能发迹,先求自立。只看几人在坐,偶失物件,必指贫者为盗薮;几人在坐,群然作弄,必持贫者为话柄。人若不能自立,这些光景,受也要你受,不受也要你受。

【译文】贫穷人没有翻身之前,首先要求能够自立,不要企图依靠任何人。不信请看几个人在坐,偶然丢失东西,必然指认贫穷者为盗贼;又如几人在座,大家起哄拿别人取笑,必以贫穷者为话柄。人若不能自立,像这些屈辱类事,受得了也要你受,受不了也要你受。

寡妇勿轻受人惠。儿子愚,我欲报而报不成;儿子贤,人望报而报不足。

【译文】做寡妇的不要轻易接受别人的恩惠。将来儿子若是没出息，我想报恩也报不成，将来儿子若是有出息，人家期望得到的报答，只怕我怎么也报答不完。

我生平不受人惠，两手拮据①，柴米不缺。其余有也挨过，无也挨过。

【注释】①拮据：劳苦操作；辛劳操持。

【译文】我生平从不接受别人的恩惠，靠自己一双手勤苦劳作，柴米不曾短缺过。其余的有也是过日子，没有也同样是过日子。

作家的，将祖宗紧要做不到事，补一两件；做官的，将地方紧要做不到事，干一两件，才是男子结果。高爵多金，不算是结果。

【译文】当家的，将祖宗紧要而没有办到的事，补做上一二件；做官的，将地方紧要却做不到的事干一二件。这样做一辈子男人，才算有了个结果。除此之外，不论官多大，多有钱，这辈子都不算是有结果。

儿子是天生的，不是打成的。古云："棒头出肖子①。"不知是铜打就铜器，是铁打就铁器。若把驴头打作马面，有是理否？

【注释】①肖子：在志趣等方面与其父一样的儿子。

【译文】儿子是天生的，不是打成的。古代谚语说："棍棒底下出肖子。"却不知道是铜才能打成铜器，是铁只能打成铁器。你若总想着要把驴头打成马面,有这种道理吗?

世间轻财好施之子,每到骨肉,反多恚<sup>①</sup>吝,其说有二:他人蒙惠,一丝一粒,连声叫感,至亲视为固然之事,一不堪也。他人至再至三,便难启口,至亲引为久常之例,二不堪也。他到此处,正如哑子吃黄连,说苦不得。或兄弟而父母高堂<sup>②</sup>,或叔侄而翁姑尚在,一团情分,利斧难断。稍有念头防其干涉,杜其借贷,将必牢拴门户,狠作声气,把天生一副恻怛心肠,盖藏殆尽,方可坐视不救。如此便比路人仇敌,更进一层。岂可如此?汝深记我言。

温氏母训(有序)

【注释】①恚:怨恨。②高堂:古指父母居住的正屋。此喻指父母尚健在。

【译文】世间有这么一些人,与外人相处,倒是把钱财看得很淡,能够经常帮助别人,可是每每到了自家亲骨肉,反而经常心存怨怒,变得吝啬起来。这种人往往有两种说法:外人受到帮助,一丝一毫,感谢不尽,自家人便视为理所当然,这是第一个受不了;外人请求帮助,两次三次以后,便不好意思再开口了,自家人一旦开了先例,便会没完没了,这是第二个受不了。遇到这种情况,如同哑巴吃黄连,有苦无法说。然而像这种情况,要么是兄弟,要么是叔侄,父母公婆就在眼前,这一团情分,利斧难断。你只要稍稍有了怕受其干扰,故此杜绝借贷的念头,那就一定会从此关紧大门,狠着心肠拉下脸来,把自己天生的一副柔善恻隐之心埋没殆尽,这样才能坐视不救。这样一来,就连外人仇敌都不如了。亲人之间怎么能够这样做呢?你要牢牢记住我的话!

问介:"侃母高在何处?"介曰:"剪发饷人,人所难到。"母曰:

185

"非也。吾观陶侃运甓习劳,乃知其母平日教有本也。"

世人多被心肠好三字坏了。假如你念头要做好儿子,须外面实有一般孝顺行径;你念头要做好秀才,须外面实有一般勤苦行径。心肠是无影无形的,有何凭据?凡说心肠好者,都是规避样子。

【译文】母亲问我:"陶侃母亲高明在哪里?"我回答说:"剪发待客,世人不能做到。"母亲说:"错了!我从陶侃每天搬砖运土,勤奋劳作这件事上来看,就知道其母平日教育抓住了根本。"

世人都被"心肠好"三个字弄坏了。假如你心想做好儿子,必须有一番实实在在的孝顺事迹。你心想做好秀才,必须有一番勤奋读书的苦功夫。心肠是无影无形的,拿什么作证据呢?大凡说一个人"心肠好",不过是用来为他开脱罪责罢了。

人有父母妻子,如身有耳目口鼻,都是生而具的,何可不一经理,只为俗物。将精神意趣,全副交与家缘,这便唤作家人,不唤读书人。

【译文】人有父母妻子,如身有耳目口鼻,都是生而具有,怎么可以仅仅满足于此而不求读书明理,却甘心做一个粗俗之人呢?将全部心思耗费在大大小小的家务事中,这就叫"家人",但不叫作"读书人"。

做人家切弗贪富,只如俗语从容二字甚好。富无穷极,且如千万人家浪用,尽有窘迫时节。假若八口之家,能勤能俭,得十口赍粮①;六口之家,能勤能俭,得八口赍粮,便有二分余剩。何等宽舒②,何等康泰!

【注释】①赀粮：粮食。泛指钱财粮食。②宽舒：宽松；从容。

【译文】居家过日子切莫贪富，只要像俗话说的那样能做到"从容"二字就很好。富无止境，况且如果像一般人家一样有了钱就不知节俭，浪费无度，总会有穷困潦倒的一天。假若八口之家，平日里勤劳节俭，有了可供十口人吃用的钱粮，六口之家，能勤劳节俭，有了可供八口人吃用的钱粮，这样就有了两份余剩，多么宽舒！多么康泰！

汝与朋友相与，只取其长，弗计其短。如遇刚鲠人，须耐他戾气；遇骏逸人，须耐他罔①气；遇朴厚人，须耐他滞气；遇佻达人，须耐他浮气。不徒取益无方②，亦是全交之法。

【注释】①罔：枉曲；不直。②无方：犹言不拘一格。

【译文】你与朋友相交，应当取其长处，不计较其短处。如遇过分刚强之人，要能忍受他的暴戾之气。遇才智过人之人，要能忍受他的虚妄之气。遇朴实厚道之人，要能忍受他的板滞之气。遇轻薄之人，要能忍受他的轻浮之气。这不止是因为，这样做可以从不同方面成就自己的德行和才能，而且这也是保全、维护交谊或友情的明智做法。

闭门课子，非独前程远大。不见匪人①，是最得力。

【注释】①匪人：行为不端正的人。

【译文】关起门来在家里教自己的孩子，不仅仅是为了他将来有远大的前程，更重要的是可以让孩子避免接触社会上的不良之人，这才是事关孩子的成长最得力的地方。

父子主仆，最忌小处烦碎。烦碎相对，面目可憎。

【译文】父子之间，或是主仆之间，最忌讳的就是在小事上过分注重。整日里为些小事婆婆妈妈，就没有了男人的样子。

懒记账籍，亦是一病。奴仆因缘为奸，子孙猜疑成隙者，繇<sup>①</sup>于此。

【注释】①繇：同"由"。

【译文】懒记账薄，也是弊病。仆人乘机为奸，子孙之间互相猜疑产生隔阂，都是由此而来。

家庭礼数，贵简而安，不欲烦而勉。富贵一层，繁琐一层；繁琐一分，疏阔一分。

【译文】家庭礼数，贵在简单扼要，让一家人都能心安，不要过于烦琐，使上上下下都感到勉强。越是富贵人家，礼节越是烦琐，越是烦琐，亲人之间也就越显得疏远。

曾祖母告诫汝祖汝父云："人虽穷饥，切不可轻弃祖基。祖基一失，便是落叶不得归根之苦。吾宁日日减餐一顿，以守尺寸之土也。出厨尝以手扪锅盖，不使儿女辈减灶更然。今各房基地，皆有变卖转移，独吾家无恙，岂容易得到今日？念之念之。"

【译文】曾祖母曾经告诫你祖父和你父亲说："一个人纵然穷到

吃不饱饭的地步，也切莫轻易丢弃祖宗的基业。祖宗的基业一旦丢失，便是落叶不得归根之苦，我宁可每天少吃一餐饭，也要守住祖宗留下的尺寸之地。走出厨房前经常摸摸锅盖，心里想着不要让儿女们将来越过越凄惶。现在，本族各房基地，都有变卖转移，唯独我家依然稳固，维持到今天，难道容易吗？切记，切记！"

汝大父赤贫，曾借朱姓者二十金，卖米以糊口。逾年朱姓者病且笃。朱为两槐公纪纲，不敢以私债使闻主人，旁人私幸以为可负也。时大父正客姑熟，偶得朱信，星夜赶归，不抵家，竟持前欠本利至朱姓处。朱已不能言，大父徐徐出所持银，告之曰："前欠一一具奉，乞看过收明。"朱姓蹶起颂言曰："世上有如君忠信人哉，吾口眼闭矣。愿君世世生贤子孙。"言已气绝。大父遂哭别而归。家人询知其还欠，或駴①之。大父曰："吾故駴矣。所以不到家者，恐为汝辈所惑也。"如此盛德，汝曹可不书绅②？

【注释】①駴：假借为"佁"。愚，无知。②书绅：把要牢记的话写在绅带上。后亦称牢记他人的话为书绅。

【译文】你祖父赤贫，曾借朱某二十两银子，作为本金卖米谋生。一年后，朱某病危，朱身为两槐公的家仆，不敢派人追讨私债，怕被主人知道，旁人以为这笔债成了呆帐。当时，你祖父正客居安徽省姑熟城，偶然获悉朱某病危，遂星夜赶回，不回家，先持前欠本息至朱某病榻前，朱某已不能说话。你祖父慢慢拿出银两，告诉朱某："前欠本息，一并奉还，乞求看过收明。"朱某突然坐起，赞道："世上有你这等忠信人在，我口眼可闭了，愿君世世孙贤子孝。"言毕气绝。你祖父遂哭别而归。家人知道他还账的事，有的说他是呆子。你祖父告诉家人："我就是要做呆子的，之所以不先回家里，就是怕被你们所迷惑。"先人有这样的盛德，你们做儿孙的能不永远牢记吗？

问世间何者最乐？母曰："不放债，不欠债的人家；不大丰，不大歉的年时；不奢华，不盗贼的地方，此最难得。免饥寒的贫士，学孝悌的秀才，通文义的商贾，知稼穑的公子，旧面目的宰官，此尤难得也。"

【译文】这世间什么才是最快乐的？母亲说："不放债，不欠债的人家；不大丰，不大歉的年时；不奢华，没盗贼的地方，这些都是最难得的。穷人能够免受饥寒，读书人能够学习孝悌，商人能够知书达理，富贵子弟能够知道庄稼人的辛苦，做了大官之后见人还是老样子，这些就更难得了。"

凡寡妇不禁子弟出入房阁，无故得谤；妇人盛饰容仪，无故得谤；妇人屡出烧香看戏，无故得谤；严刻仆隶，菲薄①乡党②，无故得谤。

【注释】①菲薄：轻视，瞧不起。②乡党：同乡；乡亲。
【译文】寡妇不禁止子弟随便出入卧室，纵然没有什么事发生，也会无缘无故招来别人的诽谤；妇女浓妆艳抹，经常外出烧香、看戏，纵然无事，都会招惹非议；妇人严厉对待仆婢，薄待邻里乡亲，纵然无事，也会无缘无故被人传出许多是非。

凡人家处前后嫡庶妻妾之间者，不论是非曲直，只有塞耳闭口为高。用气性者，自讨苦吃。

【译文】凡居家之人处在前后嫡庶妻妾之间的，不论是非曲直，只有不听不说为高。若是使气任性，试图辩个明白，必是自讨苦吃。（家人相处，贵在一个"让"字，互不相让，则是非曲直越辩越多，无有了时。）

联属下人，莫如减冗员而宽口食。

【译文】与其花费心思管理众多的仆役下人，不如裁减多余的人员，还能够减少开支，让日子过得更宽松些。

做人家，高低有一条活路便好。

【译文】一户人家，不论贫富贵贱，只要日子能过得下去就好，不要有过多的企求（有求皆苦）。

凡与人田产钱财交涉者，定要随时讨个决绝。拖延生事。

【译文】凡与他人有田产、钱财交易，必须当即签订合同，留下字据，办妥交接手续。切勿拖延，以免生出许多是非。

妇人不谙中馈①，不入厨堂，不可以治家。使妇人得以结伴联社，呈身露面，不可以齐家。

【注释】①中馈：指家中供膳诸事。
【译文】妇人不熟悉烹调炊煮，不下厨房，就不能当好这个家。让妇人有机会经常参与社会活动，在外面抛头露面，所谓齐家，也就成了一句空话。

受谤之事，有必要辩者，有必不可辩者。如系田产钱财的，迟则难解，此必要辩者也。如系闺阃的，静则自销，此必不可辩者也。如系口舌是非的，久当自明，此不必辩者也。

**【注释】**①闺阃：指妇女居住的地方。

**【译文】**对待外面的谣言或诽谤，有的是一定要辩解的，也有的是一定无法辩解的。如果是涉及田产钱财方面的事，时间拖得越长就越难说得清楚，这就是一定要及时辩解的。如果是涉及男女方面之事，这是你一定无法辩解的，不去管它，谣言自己就会消除。如果是口舌是非之类，日久自明，这些就属于没有必要去辩解的了。

凡人气盛时，切莫说道："我性子定要这样的，我今日定要这样的。"蓦直做去，毕竟有搕撞。

**【译文】**人处在气头上，千万不要说："我这人天性就是这样""我今日就一定要这样做"，一点不留下转缓的余地，最终难免要碰得头破血流。

人当大怒大忿之后，睡了一夜，还要思量。

**【译文】**人在大怒大忿之后，睡了一夜，明日醒来还是要认真反省一下自己才好。

# 史撰臣《愿体集》

(名典，江南扬州人)

谨按：妇女深处闺房，不知世事艰难，习成骄悍<sup>①</sup>情性，而构衅<sup>②</sup>于嫡庶<sup>③</sup>之间，耗财于婚嫁之事，取辱于嫌疑之际，往往不免。为士夫者，明知其非，而恩常掩义，以至一传众咻<sup>④</sup>，骤难见信，且有阴为所持，牢不可破者矣。愿体集所载，颇多居家涉世之事。兹录其切于近世妇女之病，如前所云者。虽其曲尽形容，不无为下等人说法之处，而知病即药，因俗立教，余有取焉。就此数者之中，男女嫌疑，尤为家门荣辱所系，勿谓无伤，其祸将长。有闲家之责者，防微杜渐，竟以此为门内之人鬼关可也。

**【注释】**①骄悍：骄横凶悍。②构衅：结怨。③嫡庶：正妻与妾。④一传众咻：一人施教，众人喧扰。比喻事不专一，绝无效果。语本《孟子·滕文公下》："有楚大夫于此，欲其子之齐语也，则使齐人傅诸？使楚人傅诸？曰：使齐人傅之。曰：一齐人傅之，众楚人咻之，虽日挞而求其齐也，不可得矣。"

**【译文】**谨按：妇女深处闺房，不知世事艰难，养成骄奢横蛮习性，于是常常在嫡庶之间制造矛盾，婚嫁之时铺张浪费，是非之地招惹嫌疑，自取耻辱。作为读书人的丈夫，明知妻子有错，却往往因为夫妻恩爱而掩盖了道义，以致批评的时候少，放纵的时候多，很难收到好的效果。有的甚至被妇人牢牢掌握，以致谁也奈何不了她。《愿体集》所载，很多都是些平常居家过日子之类的事情，现节录其中有关近世妇女常见的毛病，像前面所记述的那样，虽然说得不大好听，但对那些不明事理的人来说，倒也不无启发、帮助。并且既弄清了问题的症结所在，又能对症下药，针对风俗世情，加以引导教化，这就是我要选录它的原因。在这几条当中，男女嫌疑，尤其关系到整个家族的荣辱，千万不要说没多大关系，它的祸害将会延续很久。有治家之责的人，为了防微杜渐，不妨让所有家人都把这一条当作自己是做人还是做鬼的分界线！

　　妇人女子，明三从四德者，十无一二。在父母膝下，性情自任，于归之后，便见贤愚。贫家妇女，纺绩炊爨，井臼①农庄，事姑哺儿，勤劳终日。独是富贵女子，在室受双亲之庇，出嫁享大家之安。高堂大厦，饮食多美味时鲜，穿插皆绫罗珠翠。儿女有乳媪抱领，针线有婢妾应承。家务从不经心，酿成骄傲之性，惟知妆饰一身，求全责备，竟不知米从稻出，丝自蚕抽。视钱财如粪土，以物命为草芥。那管夫家经商者有操心筹算，作宦者有仕路艰难。若性质淳良者，尚听公姑之训，丈夫之言。有一等骄悍妇人，不知理法，不信果报。公姑丈夫，开口便伤，侍妾婢女，终朝打骂。及至逼出事端，为丈夫者，顾惜体面，焉肯令妻出乖露丑，到底仍是丈夫抵当，竭力弥缝②过去。及至事后，见儿女满前，姻亲罗列，出遣不可，警戒不从，若以大义数责，彼反轻生恐吓，又怕多事，惟有忍耐而已。愚谓经史女箴，劝必不听。惟有令人讲解律例，并词讼招详，某官审某事、某人犯某罪，使知妇女亦有罪条，王法不尽男子。而善恶报应之事，时时陈说，庶乎稍生畏惧，或可挽于万一也。

【注释】①井臼：汲水舂米，泛指操持家务。②弥缝：缝合；补救。

【译文】女人懂得三从（在家从父，出嫁从夫，夫死从子）四德（妇德、妇言、妇容、妇功）的人，十个人中也不到一二个。在父母膝下，性情放任，出嫁之后，便分出优劣了。贫穷人家的女子，纺纱织麻，烧茶煮饭，舂米种菜，事奉公婆，相夫教子，勤劳终日。只有那些富家女子，在娘家时受父母的娇惯，出嫁后享受夫家的种种安逸，住的是高房大屋，吃的是美味时鲜，穿的是绫罗绸缎，戴的是珍珠翡翠，生下孩子有乳娘伺候，针线活有婢妾代劳，家中大小事务从不放在心上，养成一副骄奢傲慢的坏脾气。整天只知道在梳妆打扮上下工夫。对别人求全责备，样样都难如她的意，根本不知道自己吃的米饭、穿的衣服都是从哪里来的，把金钱当粪土一样任意挥霍，把动物的性命看得像草芥一样任意宰杀，根本不管夫家经商的要如何操心筹划，当官的有多少仕途艰难。这当中有一些天性淳良的，还能听得进公婆的教训和丈夫的劝告。更有一些骄横悍妇，不讲道理，不怕王法，不信因果报应。公婆、丈夫，开口便伤。侍妾婢女，天天打骂，甚至逼出事端，闹出人命。丈夫为顾惜妻子体面，害怕其丑行外扬，不得已只有自己全盘揽下，极力补救。等到事情过去，看看眼前已是儿女成群，姻亲环绕，休弃又不能休弃，警诫她又不听，若以大义责罚，家法惩戒，她反而寻死觅活，以轻生相恐吓，这时又怕节外生枝，也就只有继续忍耐下去了。我看对待这种人，以经史古籍中往圣先贤的事迹言语相劝，她一定不会听从，只有请人讲解法律案例，诉讼词章一条条明明白白，某法官审某事，某人犯某罪，教她知道妇女也有罪条，王法不都是只管男人的！再将那些善恶报应事例，也要经常详说，或许对她会有所震慑，稍生畏惧，以求挽救于万一。

有夫妇而后有父子，若娶妻而即生子，且联举数子，则承祧有人，可无憾矣，至有子而仍娶妾，贤者所不免焉。为之妻者若果温惠宽和，得以相安无事。则如古所称樛木螽斯之懿范①，不多让矣。若夫妇年近四十，或生女而不生男，或曾生而不育，或竟全不一生者，则急宜置妾，以为嗣续之计。为之妇者，正宜和衷宽待，以冀其早为生育，俾吾夫得免无后之叹，而己亦不失为嫡母之尊。每见贤淑之妇，年在四十左右，艰于嗣息，即欢然劝夫娶妾，和集一门。未几妾尚未生，妻忽生子者，亦有妻妾并举子者，要以和气自能致祥也。奈何有一种嫉妒性成者，明知年齿②日增，生育无望，说到娶妾，即百计刁难。迄至勉强作成，势必入门见嫉。明则寻是觅非，显加辱苦；暗则私觇密察，以冀间离。幸而怀孕生子，或漠不关情，或佯为称庆，终是满腔积恨，一片杀机。有生子而强遣其母者，有子疾而阴肆其毒者，有斗争无宁日者，充其妒忌之心可以死其夫，可以亡其身，又安惜夫之无后为大哉！夫四十无子则娶妾，妇人无子去，妒去，律例昭然，原不忍斯人之终于无后也。独怪怯懦之夫，甘受制于泼悍之妇。或委靡不振，怒而不言；或顾惜脸面，自相掩覆。坐使无良之妇，得志以逞。俾祖父之血食，自我而斩，岂非不孝之至，而为天地间一大罪人乎？吾谓人至四十无子，则宜告过宗族及妇之父母兄弟，按律娶之。敢肆阻挠，即正以无子去妒去之罪案，鸣之于官，决于必去。为官长者，伸明律法，不得少事姑惜，按律去之，使闺门不贤不淑之妇，知有天网人纪，不可磨灭，不敢负嵎肆恶。则儆一戒百，不独一人一家，受其福庇，有裨风俗人伦不少矣。

【注释】①懿范：美好的风范。多用于赞扬妇女美德。②年齿：年纪；年龄。

【译文】有了夫妇然后才会有父子，如果娶妻之后就能生子，甚至连生数子，那么祖宗祭祀后继有人，也就可以无憾了。至于有了儿子还要娶妾，即使是贤良的君子，为着子孙兴旺的缘故，这种情况也是有的。做妻子的若是温惠宽和，嫡庶之间可以相安无事，那么比起《诗经·周南篇》、《樛木》、《螽斯》所颂的美好的风范，也差不了多少了。如果夫妇都已经年近四十，或生女而不生男，或是虽曾生子却不幸夭折早亡，或一直不生，男女皆无，那就要赶紧纳妾，以完成传宗接代的大事。作为结发之妻，这时正应该和衷宽待，一心盼望新人早为生育，使我夫君免除无后之忧，我自己也不失为嫡母之尊。每每见到一些贤淑之妇，年纪都在四十左右，由于没有儿子，便高高兴兴地主动劝夫娶妾，并与新人和睦共处，家门一团和气。时隔不久，妾尚未生，妻忽生子。也有妻妾同时生子的。关键在于有了这一团和气，自自然然就会感得祥瑞临门。只可惜总有那么一些嫉妒成性的妇人，明知自己年纪已大，生育已经没有希望，但只要一提到娶妾，便百般刁难。最后即使勉强娶成，势必是新人一进门就遭到妒嫉。明则寻是觅非，侮辱挖苦，暗则私觑密察，挑拨离间。妾妇怀孕生子，或漠不关心，或佯装庆贺，但内心积恨满腔，一片杀机。有生了儿子后硬是把妾逼走的，也有当孩子生病时暗投毒药的，也有终年争斗永无宁日的，满腔妒忌心，恨不得丈夫早死，妾妇早亡，又哪里会顾惜到丈夫"无后为大"的大不孝的恶名呢？按照朝廷的律法，男子四十岁无子就应当娶妾，妇人无子就可以休弃，妇人妒忌也应当休弃，法律条文写得明明白白，目的就是不忍令男子终身无后。只怪那些做丈夫的怯懦无能，甘愿受制于泼悍之妇，或萎靡不振，敢怒而不敢言，或怕丢面子，自己遮遮掩掩，却让不良之妇奸心得逞，使祖宗的祭祀自我而断，岂不是不孝之至，成了天地间一大罪人吗？我常说，人到四十无子，就应该告诉宗族和妻子的父母兄弟，依法娶妾。妇人敢于肆意阻挠，就依照妇人无子、妒忌便当休弃的律法诉向官府，坚决休弃。审案官员应依法裁定，不得稍加姑息，按律判准休弃，使那些不贤淑的妇人，知道天有天网，人有人纪，列列就在眼前，再不敢顽固不化，肆意呈凶。这样一来，就能杀一儆百，不仅使一人一户受其福佑，对于风俗人伦的改善，更有着深远的影响。

教女遗规

　　亦有嫡妻素明大义，惟恐覆夫宗嗣，听其置妾纳婢。所赖为之夫者，严分正伦，不容陨越①，幸而生有子女，必教以孝敬嫡母，庶义谨微②于着之义。乃有婢妾生子，反起踞宠夺嫡之心，始而举动放恣，继以语言肆诉，至谓母以子贵，嫡庶何分，而渐欲易其位者。且有夫心偏向，谓妾能为我生子接宗，一味宽纵，举动任其僭越③，语言听其触犯，视结发之爱若路人，于宠姬之间多袒护者，则名分倒置，实为乱阶④。不思夫妇为五伦之始，结发乃父母所配，庙见⑤之日，原冀昌衍吾宗，无何实命不犹，不得已而相夫置妾生子，代为恩勤⑥，亦谓子虽庶出，而我为嫡母，是夫宗不绝，即妇嗣有托也。若妾则蛾眉⑦得宠，遽干名分，妻则凄其冷落，视若赘疣⑧，不独悖理灭伦，既获罪于名教，似此寡情薄德，扪心其能自安乎？

　　【注释】①陨越：犹颠坠，丧失。②谨微：谓虽细微之处，亦必慎重对待。③僭越：超越本分行事。④乱阶：致乱的阶梯，亦即祸端、祸根。⑤庙见：称新妇首次拜谒祖庙为庙见。⑥恩勤：指父母尊长抚育晚辈的慈爱和辛劳。⑦蛾眉：蚕蛾触须细长而弯曲，因以比喻女子美丽的眉毛。借指女子容貌的美丽。⑧赘疣：指附生于体外的肉瘤，常用来比喻多余无用之物。

　　【译文】也有嫡妻深明大义，唯恐丈夫无后，听凭丈夫娶妾。这就要求那做丈夫的一定要能严格区别正妻与庶妾的名分，不得有所偏废。将来有幸生得一男半女，必须教导孩子孝敬嫡母，嫡庶之间一切细微之处都要谨慎周到，严明尊卑之分。世间却有那做婢妾的，生了儿子以后，反而生出侍宠夺嫡之心。一开始只是举动上不再像

198

以往那样守礼守分，进而到言语上出言不逊，说什么母以子贵，嫡庶之间本就不该有什么分别，于是渐渐就有了夺嫡篡位之心。又有那做丈夫的有心偏向婢妾，觉得婢妾能为我生儿子传宗接代，便一味宽容放纵，举动上任其胡作非为，言语上任其冒犯无礼，却把那结发之妻视作路人，对婢妾们则多方袒护，于是尊卑颠倒，家规尽失，日久必致大乱，这就是一个家庭由兴转败的祸根啊。况且那做丈夫的也不想想，夫妇为五伦之始，结发夫妻原是父母所配，当初妻子刚入我家门，便首先到列祖列宗灵前祭拜，原本也是盼望着能够为我们家昌衍宗族。到后来命不由人，不得已而帮助丈夫娶妾生子，代为生育，也是心想着儿子虽是婢妾所生，但我终究是他的嫡母，这样做的目的，就是为了使夫家宗祠香火不绝，自己做妻子的也有了后代可以依托。若是像现在这个样子，婢妾只是凭着年轻貌美就能得到丈夫的宠爱，轻易就夺了妻子的名分地位，那做妻子的却从此备受凄凉冷落，被看成了家中多余的人，这样做不仅违背天理人伦，而且败坏了世风教化。一个人做出如此薄情寡义的事情来，你扪心自问，自己还能够活得心安理得吗？

兄弟争财，其父遗不尽不止；妻妾争宠，其夫命不死不休。

【译文】兄弟之间一旦有了争财产的心，父亲的遗产不败尽就不会终止。妻妾之间一旦有了争宠之心，不把自己的丈夫送上绝路就不会罢休。

世人于嫁女一事，必夸奢斗靡，苦费经营，往往有因一嫁一娶，而大伤元气者。事后追忆所费，其实正用处少，浮用处多。如富盛之家，必欲从厚，与其金珠溢箧，币帛盈箱，采轿几筵，极一时之盛。何如佐以资本，代置庄田，为彼后日之恒产乎！曾见有诗云："婚姻几见斗奢华，金屋银屏众口夸。转眼十年人事变，妆奁[1]卖与别人家。"殊有深味。

**【注释】**①妆奁：女子梳妆用的镜匣，借指嫁妆。

**【译文】**世人在嫁女儿这件事情上，总是互相攀比，费尽心力，常常有人为了这一嫁一娶，而使本来不错的家境大伤元气。事后想想那些花掉的钱财，真正用在正地方的并不多，大多都耗在浮华浪费上了。如果是富裕体面的人家，一定要厚嫁，与其金银珠宝满箱满箧作为陪嫁，在迎亲车队、婚庆宴席等等方面求一时的风光，为什么不用这些钱帮助孩子们置办些庄田资产，作为他们日后长久的依靠呢？曾经有人写过这样的诗："常见人为儿女婚姻大操大办比奢华，金屋银屏赢得一时众口夸。转眼十年人间事事多变化，当年的陪嫁全都卖到了别的人家。"真是意味深长啊。

又有不足之家，拘牵[1]礼节。男女俱已长成，或因赔赠无资，不肯允嫁，或因繁文无措，不敢亲迎，坐使婚嫁愆期[2]，宁作旷夫怨女者。不思男女之情，室家之愿，原以婚嫁及时为幸，与其以仪文未备而待时，何如以迁就团圆而成事。况青春已届，年忽一年，时事变迁，又焉保将来之果如吾意耶？又有产仅中人，效颦富室，惟知六礼[3]必周，不计家资厚薄，或称贷以备钗环，或废产以供花烛。迨至入门之后，向之繁文缛节，转眼皆空，今之典借花销，俱成实累。夫男女毕姻，原欲其续祖妣而大门闾[4]，若以一婚嫁之故，而累债耗家，虽有佳男佳妇，已苦于门户无可支持，始悔前此浪费。则亦何益之有？

**【注释】**①拘牵：拘泥。②愆期：意为失约；误期。③六礼：此指古代的婚姻礼仪。指从议婚至完婚过程中的六种礼节，即：纳采、问名、纳吉、纳征、请期、亲迎。④门闾：家门；家庭；门庭。

**【译文】**又有那不太富裕家庭，一味拘泥于婚嫁礼节。虽然男女双方已到婚嫁年龄，或是女方家觉得陪嫁的东西太少，所以不肯答应当下就把女儿嫁出去，或是男方家因婚事中太多的礼节感到难以应付，所以迟迟不敢向女方家提迎娶之事，这样白白地使婚期一拖再拖，竟让双方儿女都做了无妻室的旷夫和嫁不出去的怨女，完全不考虑儿女们希望早日成家的心情和愿望。人到了成年，能够及时男婚女嫁，这是人生的一大幸事，与其因为礼节上不够完备而拖延时日，何不相互迁就一些，早一天让孩子们团团圆圆地得以完婚呢？况且儿女们已到了青春年岁，一年一年很快就过去了，世事多变，哪能保证这中间会不会出现什么意外的事情呢？也有一些家境中等的人家，却偏要勉强学那些有钱人，一味讲究要六礼（纳采、问名、纳吉、纳征、请期、亲迎）周全，却不顾自己家底的厚薄，或是借债来办置嫁妆，或是典当抵押家产换些钱来操办婚事。等到新人嫁进夫家以后，过去讲究的种种礼节转眼都成了一场空，什么也没有留下，只留下一堆沉重的债务。这男女婚姻，本来是为了继承祖宗的家业，光大祖宗的门户，如果因为这样一场婚事，而弄得负债累累，耗尽家财，纵然儿子媳妇都很贤良，也足以让他们即使受尽辛苦，也难以支撑起往日的门户。到这时才开始后悔此前的种种浪费，又有什么益处呢？

妻虽贤不可使与外事，仆虽能不可使与内事。

**【译文】**妻子虽然贤良，不可以让她参与家庭以外的事；男仆虽然能干，不可以让他参与家庭以内的事。

三姑六婆，勿令入门。此辈或称募化①，或卖簪珥，或假媒妁，或治疾病，专一传播各家新闻，以悦妇女。暗中盗哄财物，尚是小事，常有诱为不端，魇魅②刁拐，种种非一，万勿令其往来。至于娼妓，更是不祥秽物，出入卧房，尤为不可。媒婆、稳婆③，不能不用，择其善者用之，亦不可令其时常往来。

【注释】①募化：化缘，指佛、道徒求人施舍财物。泛指向他人乞求财物。②魇魅：即魇昧。用邪术使人受祸或使之神智迷糊。③稳婆：旧时以替产妇接生为业的妇女。

【译文】三姑（尼姑、道姑、卦姑）六婆（牙婆、媒婆、师婆、虔婆、药婆、稳婆），不得放进家门。这些人或是声称募捐化缘，或是推销金银首饰，或是借口说媒治病，专门传播各家新闻以取悦妇女。这些人若只是暗中哄骗盗窃一点财物，还是小事，其中常有引诱妇女做出不轨之事的，或是播弄邪术害人的，也有寻找机会拐卖人口的，如此等等，难以尽说。千万不要与这类人交往。至于娼妓，更是不祥而肮脏的，出入卧室，尤其不可。媒婆、稳婆不能不用，但应择其善者而用，事后也不可与她们经常往来。

男女不杂坐，（无论尊卑、长幼、远近、亲疏，均无杂坐之理），不同椸（音移）枷①音架），皆置衣之具，不同巾栉（拭巾发梳，不相通用），不亲授。（丧祭则以盘盛。其余不得已而授受，则置于几桌，令其自取）。内外不共井（嫌同汲也），不共湢（浴室）浴（嫌相亵也），不通寝席（如被褥枕簟之类，嫌相亲也），不通衣裳（嫌混杂也）。诸母（庶母）不漱（洗也）裳（下服也。不浣洗贱服，亦敬父远嫌之义）。女子嫁而反，兄弟（甥侄同）。弗与同席而坐，弗与同器而食。（有事来家，则语于中堂，不得房中坐谈）。男子入内，不啸不指。夜行以烛，无烛则止。（取光明之义，此男子之远嫌也）。女子无故不许出中门。出中门，必拥蔽其面。（有用绸为幪者，名曰头幪，或用青纱）。夜行以烛，无烛则止。（此妇女之远嫌也）。出入于道路，男子由右，女子由左，（以右为尊，道路之间，亦有分别），此曲礼别男女之大节，所以严内外，而防渎乱[2]也。有家者不可不知。

【注释】①桁枷：音疑佳。衣架。②渎乱：混乱；使混乱。

【译文】男女不杂坐（无论尊卑、长幼、远近、亲疏，都没有杂坐的道理）。男女衣服不混放，不共用衣架、衣箱等置放衣服的器具。男女不共用毛巾、发梳。男女之间不亲手传递物品，（丧祭用品用盘子盛放，其余不得已需要交接的物品，可以放到桌子或几案上，让对方自己去取。）内外不共用同一个水井（避免取水之时男女聚会一处的嫌疑），不共用一个浴室洗浴（防止有产生亵渎念头的嫌疑），不通用床上用品（如被褥枕簟之类，避免有关系过分亲密的嫌疑），衣服也要分开用（避免相互混杂，内外不分）。做庶母的不洗男裤。（这也是表示对孩子的父亲保持敬畏之心，避免嫌疑的意思。）女子出嫁后回娘家探亲，兄弟、甥侄不与同席而坐，不与同器而食。（有事在中堂说话，不在房中坐谈。）男子进入女室，不得高声说话，不得指指点点。若是夜晚，必须秉烛点灯而行，没有灯烛就不能进入女室。（点上灯烛是取其光明磊落的意思，这是男子避嫌的做法。）女子无故不许出中门，不得已要出中门，必须用头巾遮住脸部。（有用丝绸做成包幪的，叫作头幪。或用青纱代替也可以。）女子夜晚走路必须要点上灯烛，没有灯烛就不能出门。（这是女子避嫌的做法。）在道路上行走，男靠右，女靠左。（以右为尊。若有多条道路，男女当分道而行。）以上是《曲礼》中有关男女有别方面的主要规范，用以严明内外秩序，防止生乱的，居家不可不知。

男女远别，不止翁妇嫂叔为然。世俗惟严于翁妇，其余无别。甚者，叔嫂、姊夫、小姨、妻弟之妻，皆不避嫌，近于蛮貊①矣。然避嫌不必相隔太远也，三步之外，止足背立可也。（数步之外，止足背立，则贫穷小户，皆可避嫌，何况富族。同室尊亲皆能有别，何况外人。）

【注释】①蛮貊：亦作"蛮貉"、"蛮貊"。古代称南方和北方没有受到礼义教化的边远部族。亦泛指四方落后部族。

【译文】男女远别（指男女之间要保持一定距离，相互间有所回避）的礼节，不只是针对公公儿媳和嫂叔而言。现实中只有公公与儿媳之间尚能严守这一礼仪，其余的就谈不上了。甚至在叔嫂之间，姐夫与小姨、妻弟媳之间，都不避嫌，这就跟蛮荒之地的人差不多了。不过虽说是避嫌，也不一定就要相隔得很远，三步之外背面而立也就行了。几步之外背面而立，这么简单的事，就是贫穷的小户人家，也可以做到避嫌了，何况是有钱人家呢？一家之中尊卑长幼亲人之间皆能做到，又何况是外人呢？

男女之所以隔绝者，惟争一见。礼云："外言不入于梱（门限也），内言不出于梱。"即声音尚不容通，况颜面乎！于此见圣贤防微杜渐之意。有等妇人，竟不避人，入寺烧香，登船游玩，为丈夫者，明知而纵之，其故何欤？甚有好见人者，反笑避人为不大方，则惑愈甚。

【译文】男女之间隔绝，核心在一个"见"字，《曲礼》中说："男人们在外面说话，不可以叫屋里的女人听到；女人在室内说话，也不可以让外面的男人们听到。"连声音都不容许内外相通，何况颜面互见呢！可见圣贤对男女之间防微杜渐的良苦用心！有那么一些做妇人的，竟然一点不懂得回避外人，入寺烧香，坐船游玩，那做丈夫的明明知道，却一再纵容，这算是怎么回事呢？甚至有好见人的妇人，反而讥笑避人为不大方，这就更糊涂了。

谨饬<sup>①</sup>闺门，人尽知之。而主家者，于服食器用之类，或躬亲备办，或介绍分劳，独于妇女抵掠脂粉，女工针线之物，每多忽略，听其自购。常见闾巷闺雏，朱门媵婢，丛绕贮立，与街市货郎，择拣精粗，夺来抢去，男女混杂，大为不雅。岂礼严内外，独此不禁欤？且所击之器，名为惊闺、结绣、唤娇娘，予谓闺可惊，而娇娘岂可为若辈唤乎？深心者，当令童仆代之。

**【注释】**①谨饬：细心慎重。

**【译文】**人人皆知要严肃闺门。通常作为一家之主者，能亲自备办衣服、饮食、器用之类，或安排人员代办。而妇女化妆品、针线杂物往往被忽略，任其自购。经常见到街巷少女、富家婢仆等妇人成群结队，围着街市货郎挑精选细，夺来抢去，男女混杂，十分不雅。难道《曲礼》规定要严明内外之防，唯独这类情况不在禁止之列吗？并且货郎所敲响引人注意的器物，名叫"惊闺"、"结绣"、"唤娇娘"。难道闺房可以随便惊动吗？而娇娘又岂是这些人可以随意叫唤的吗？因此，细心的当家人或主妇，这类事情应当叫童仆代劳。

# 唐翼修《人生必读书》

（名彪。浙江兰溪人。历任会稽、长兴仁和训导。）

　　谨按：妇人以夫为天，而舅姑为夫之父母，义莫重焉。事之不得其道，孝敬有亏，即才智有余，曷足贵乎？篇中敬翁姑、敬夫之节，周详真挚，发乎天性。而于继姑、贫贱之夫，委曲承顺，服事尤谨。伯叔妯娌之间，任劳让财，恩爱无间。教子以义方，不事姑息，此尤妇女所难也。一门之内，有妇如此，不特人敬之服之，天亦必佑之，家道其有不兴者乎？此编当与女诫参观<sup>①</sup>，诚哉其为必读书也。

　　**【注释】**①参观：对照观看。

　　**【译文】**谨按：妇人以夫为天，而公婆是丈夫的父母，对于一个女子来说，没有比这更重的了。如果事奉不得其道，孝敬有亏，即使才智有余，又有什么可称道的呢？这篇文章中有关如何孝敬公婆、敬重夫君方面的礼节，详细真挚，发乎天性。对后继的婆婆、贫贱的丈夫，委曲求全，殷勤顺从，事奉更加周到。叔伯妯娌之间，任劳任怨，让财赠物，爱护关照，和睦融洽没有一点隔阂。用伦理道德来教育孩子，不溺爱姑息，这更是一般妇女所难以做到的。一个家庭，有如此贤妇，不但人人敬服，连上天也必定会保佑这样的人家，家道哪有不兴旺的呢？此篇文章应当与前面的《女诫》互相参照来读，这真正称得上是必读之书啊。

妇人贤不贤，全在声音高低、语言多寡中分。声低言寡者贤也，声高言多者不贤也。

【译文】观察妇人贤与不贤，全在声音高低、语言多寡中区分。说话声音低、言语不多的人便是贤慧，说话声音高、言语多的人便是不贤慧。

人非圣人，不能无过，况妇人乎！媳妇偶然有失，公姑丈夫谴责，当欣然受之。云媳妇不是，自此当改。则不惟有过无害，即此便增一善矣。若横争我是，得罪公姑，得罪丈夫，是一小过未完，反增一大罪也。

【译文】人非圣贤，不可能没有过失，何况妇人呢！媳妇偶尔有过失，被公婆、丈夫批评指责，应当高高兴兴地接受才是。口中说道媳妇有错，指出后当即改正。"知错能改，善莫大焉"。则虽有过而无害，还增一善。假若强硬辩论自以为是，拒不认错，得罪公婆，得罪丈夫，不但原来所犯小的过失没有得到改正，反而又增加了一条更大的罪过。

媳妇之倚仗为天者，公姑与丈夫，三人而已。故事三人，必须愉色婉容，曲体<sup>①</sup>欢心，不可纤毫触犯。若公姑不喜，丈夫不悦，久久则恶名昭著，为人所不齿矣。奴仆皆得而抵触我矣。故妇之善事公姑丈夫也，非止为贤与孝也，且以远辱也。

**【注释】**①曲体: 深入体察。

**【译文】**媳妇所倚仗能够终生庇荫自己的,只有自家公婆和丈夫三个人罢了。所以事奉这三个人,必须欢欢喜喜地去做,面色也要表现得温和喜悦,并能细心体察他们的感受,令他们满意欢心,不可有丝毫疏忽和冒犯。如果经常使得公婆不满意、丈夫不高兴,久而久之自己不贤慧的名声就会远近皆知,为人所不齿,甚至连奴仆们都不把自己放在眼里。所以,媳妇能够把公婆丈夫事奉好,不仅仅是尽到了贤良孝顺的本分,还能够使自己远离羞辱,不给父母家人脸上抹黑。

夫者,天也,一生须守一敬字。见丈夫来,便须立起。若宴然高坐,此骄倨无礼之妇也。称夫有定礼,如"相公"、"官人"之类,不云"尔"、"汝"也。如"尔"、"汝"忘形,则夫妇之伦亵矣。凡授餐奉茗,必双手恭擎。未寒进衣,未饥进食,此妇不易之职分也。

**【译文】**丈夫的"夫"字,对妻子来说,就是"天"的意思,这一生中必须严守一个"敬"字。见丈夫到来,自己马上就要从座位上站起来,那些坐着不动的,都是些骄慢无礼的妇人。对丈夫的称呼也是有规矩的,如"相公"、"官人"等等,不应该称"你"。如果开口就是你呀你的,自己作为妻子对丈夫的那份恭敬的心就失去了,夫妇的伦常就被亵渎了。平日里进饭敬茶,必须双手恭恭敬敬地呈上,不等到丈夫觉得冷就为他添衣服,不等到他饿就为他准备好饭菜。这就是做妻子的千古不变的本分。

媳妇不唯自己要尽孝,尤当劝夫尽孝。语云:"孝衰于妻子。"此言极可痛心。故媳妇以劝夫孝为第一。要使丈夫踪迹,常密于父母,而疏于己身,俾夫之孝行,倍笃于往时,乃见媳妇之贤。若丈夫于公姑，小有违言，便当代为谢罪。曰："此由媳妇不贤，致使吾夫不顺于公姑，非独丈夫之罪也。请公姑息怒。今后当劝丈夫改过矣。"

【译文】媳妇不仅自己要尽孝，尤其应当劝丈夫尽孝。古话说："一个男人孝心的衰减，是因为娶了老婆，又有了孩子。"这句话让人听了特别痛心。所以做妻子的要把劝丈夫对父母尽孝作为自己的第一件大事，要使丈夫经常亲近父母，而疏于自己。使丈夫在结婚之后，对父母比以往加倍孝顺，这才显得媳妇的贤慧。若丈夫对父母在言语上稍有不敬，媳妇要及时代为谢罪，并说："这都是由于媳妇不贤慧，才造成我丈夫对公婆不顺承，不是丈夫一个人的罪过。恳请公姑息怒，媳妇今后一定会劝丈夫改正错误的。"

妇与姑之最易失欢心者，背后之言语。最易得欢心者，亦背后之言语。如在母家亲戚，夫家亲戚之前。及在自己房中，凡有言语，必称公姑之德，多蒙优待，只是我不能孝顺。展转相闻，公姑岂不大喜乎？若略有一言怨望，公姑闻之，心必不喜，连当面好处落空矣。虽然，言语之谨肆，发于念头之真假。未有孝顺之心不真，而言语能检点①者也。

【注释】①检点：约束；慎重。
【译文】媳妇最容易失去婆婆欢心的，是背后的言语；最容易赢得婆婆欢心的，也是背后的语言。如果做媳妇的在娘家亲戚和夫家亲戚面前，以及在自己房中，只要一开口说话，必定称颂公婆的德行，说公婆待我如何好，只是我自己不好，不能孝顺公婆。这些话传到公婆耳中，他们怎么会不特别欢喜呢？假如媳妇在背后对公婆有一丝怨言，传到公婆耳朵里，他们必定心中不快，连同你平日里在公婆面前付出的种种努力也都落空了。虽然这个法子很管用，但是能否做到言语谨慎，关键还在于自己念头的真假。从来没有哪一个人，她的孝心不真，而在言语上却能够做到小心谨慎而不出差错的。

继姑①待媳，多带客气，势所必然。媳妇当此，务以诚心感之。既属己姑，何分前后。凡事极其诚敬，不假一毫虚饰。姑知妇真心相待，自然心欢意悦，并客气都化了。若媳妇胸中，稍分先后，不觉形之辞色，初则彼此客气，既而乖戾②无所不至矣。或有媳妇先入门，而继姑后至者，姑尊媳卑，名分不以先后改易，当一于诚敬，不可生怠慢心也。

【注释】①继姑：夫之继母。②乖戾：(性情、言语、行为)别扭，不合情理。

【译文】继姑对待媳妇，一般都会比较客气，这是势所必然。做媳妇的在这个时候，务必要以自己的真诚心去赢得对方的信任。既然是自己的婆婆，为什么要分先后呢？凡事要极尽自己的真诚与恭敬之心，不能有一毫虚伪掩饰。婆婆知道媳妇确实是真心相待，自然心欢意悦，将客气也化为融洽。假如媳妇胸中稍分先后，不知不觉便会在言语态度上表现出来，一开始是彼此都客客气气，渐渐地各种各样的隔阂、矛盾、猜忌便全都生出来了。也有是媳妇先嫁入婆家，而继姑后到的，要知道姑尊媳卑是天经地义的事，这种名分的确立与先来后到没有任何关系，做媳妇的应当以同样真诚恭敬之心相待，不可以生出怠慢之心。

媳妇于翁，殊难为孝，但当体翁之心，不须以向前亲密为孝也。或翁体不安，须频频浼①姑问安为善。

【注释】①浼：古同"浼"。央求；请求；委托。

【译文】媳妇对于公公，很难在日常生活上尽多少孝行，主要是有一颗体贴公公的心，不必以向前亲密为孝。或公公身体不好，要频频请托婆婆问安为妥。

或已为嫡媳，而家有庶姑，其事庶姑，亦须将顺而加礼貌焉。不可恃嫡慢庶，致伤庶叔之心，并伤阿翁之心。若已为庶媳，则宜小心奉侍，曲体庶姑之心。嫡姑在堂，则事庶姑以敬，而礼貌稍杀于嫡姑，统所尊也，嫡姑没，并礼貌亦宜尊崇矣。倘或庶姑举止有未合理，媳妇只宜以礼自持，和色婉容，规以正道，不亢傲，不委靡，方为合礼。

【译文】或者自己是嫡媳，而家中有庶姑（公公之妾），事奉庶姑，必须既孝顺又礼貌。不可以嫡自居而怠慢庶姑，以致伤了庶叔（庶姑所生之子）的心，同时也伤了公公的心。若自己是庶媳，更应小心谨慎体谅庶姑。嫡姑（公公的正妻）在堂，则事奉庶姑以尊敬为重，而礼貌比嫡姑稍逊，按礼制本该如些。嫡姑去世，这些礼貌也须向对待嫡姑一样尊崇。倘若庶姑举止有不合理的地方，媳妇只能用礼义来要求自己，同时和和气气，依据正道好言相劝，不卑不亢，才算符合礼义。

婆与媳虽如母子。然母子以情胜，婆媳则重在礼焉。凡婆之衣服器具，银钱酒食，俱不可擅动。婆在房中，开箱看首饰与衣服，或与姑娘小叔密语，俱宜退步，惟命之前始进。又凡有好物好衣，察婆欲与姑者，不妨赞成之。

【译文】婆媳虽然如母子，不过母子的关系主要体现在一个"情"字上，婆媳则重在一个"礼"字。凡婆婆的衣服器具，银钱首饰，酒食果品，媳妇不要擅自动用。婆婆在房中，开箱看首饰衣服，或与姑娘、小叔说些私密的话语，做媳妇的都应退步回避，除非婆婆主动让你进去，才可以进房。又如有了好东西好衣服，观察婆婆想送给小姑时，不妨欢欢喜喜地去成全。

凡公姑与丈夫之亲友，仓卒间到，要留酒食，而银钱偶乏，或庆吊诸仪，银钱无措。媳妇知之，即宜脱簪珥，典衣服，不待公姑开言，方为先意承志。至一二赠嫁器皿，即当公用，不当虑及完全毁毁。若稍有爱惜之语，即伤公姑之心，为下人姗笑[1]。常有公姑宁贷于邻家，而不屑问媳妇借者，其妇之不贤可知也。

【注释】①姗笑：讥笑，嘲笑。
【译文】凡遇到公婆与丈夫的亲友突然来到，需要挽留并以酒食招待，但又正好碰上家里缺钱，或是因亲友间庆贺吊唁等事，礼金一时难以筹措。媳妇得知后，应赶紧取下头上首饰，及箱中衣服等，典当筹办，不必等到公婆开口，已先为公婆备办周全，这才是贤妇所为。乃至一二件陪嫁物件，便也随充公用，不必考虑其完好如新还是陈旧损坏。如果言语中稍稍流露出一点恋恋不舍的意思，就会伤了公婆的心，被下人们笑话。经常有公婆宁可向邻居借贷，却不愿向媳妇开口的，这种媳妇的不贤慧也就可想而知了。

平常之家，安能常得甘旨[1]以供舅姑？然亦有法也。只要诸物烹庖得诀，务令适口，便是甘旨。若遣人办买，必嘱付择其最佳者方买之，此即孝顺妙法也。

**【注释】**①甘旨：美味的食品。

**【译文】**平常家庭，哪能够经常有美味佳肴，用来供养公婆呢？不过也有补救的办法，只要各种家常菜肴烹调得当，务必要适合老人的口味，这就是美味佳肴了。如果派人为公婆购买用品，必须嘱咐要选最好的才买，这就是孝顺公婆的妙法。

一应往还之礼，或行或否，应厚应薄，须一概禀命于姑，不可自作主意。然其中犹有周旋也。待姑家亲戚，须常存要好看之心。母家亲戚，苟礼文可减，一切省之可也。

**【译文】**与亲友间一切礼尚往来，是行礼还是免礼，是行厚礼还是薄礼，这些都要请示婆婆，不能自作主张。不过这中间也有学问：对待婆婆家亲戚，要经常存着一颗面子上要好看的心；对待自己娘家的亲戚，如果礼数上可以减省，一切能免就免也是可以的。

有等媳妇，不能孝姑，而偏欲孝母，此正是不孝母也。事姑未孝，必贻母氏以恶名，可谓孝母乎？盖女在家以母为重，出嫁以姑为重也。今媳妇必欲尽孝于父母，亦有方略，须先从孝敬公姑丈夫起。公既喜妇能孝，必归功于妇之父母，必加厚于妇之父母。丈夫既喜妻贤，必云非岳母贤淑，吾妻安得柔和。或夫家富贵，则必有润泽①及母家矣。此则女之善孝其亲也。

**【注释】**①润泽：恩泽。

**【译文】**有的媳妇，不能孝顺婆婆，却偏偏一心想着要孝顺母亲，岂知这正是对母亲不孝的作法。因为事奉婆婆不孝，必定给母亲留下教女无方的恶名，这叫孝顺母亲吗？女子在家以母亲为重，出嫁以婆

213

婆为重。现在，媳妇如果一定要对父母尽孝，最好的方法是：先从孝敬公公、婆婆、丈夫做起，公公因媳妇能孝而心生欢喜，必然归功于媳妇的父母教女有方，必定更加厚待媳妇的父母。丈夫因妻子贤慧而心生欢喜，必然会说如果不是岳母贤淑，我妻子怎么能如此温柔和顺？这种时候，夫家倘或是富贵人家，就一定会经常对媳妇娘家有所帮助。这就是女子真正懂得如何孝顺自己的父母了。

丈夫有不得意之事，为妻者宜好语劝慰之，勿增慨叹，以助抑郁，但当委婉，云将来自有好日，方谓贤妻。丈夫在馆不归，此是能攻苦读书，不可常寄信问候以乱其心，数数①归家，即荒时废业矣。若亲友有书札来，恐有要务，速传送之。

【注释】①数数：犹汲汲。迫切的样子。

【译文】丈夫遇到不顺心的事情，做妻子的应好言劝慰，不要在一旁唉声叹气，使丈夫心情更加抑郁沉重，只能委婉地说："将来自然会好起来的。"这才是贤慧的妻子。丈夫外出读书期间不回家，是刻苦用功的表现，不要经常寄书信去问候，以免干扰他不能专心读书，经常回家，虚费光阴，就把学业给荒废了。如果亲友有书信送来，可能有紧要事，应当尽快派人给送过去。

丈夫不事儒业者，或居家营运，出外经商，俱是心血所成，劳四体以赡妻子。为妇者，必须悯夫劳役，轸①夫饥寒，体恤随顺，方称贤淑。家贫能抚恤慰劳，尤征妇德。若荡子嫖赌，败废祖宗基业，必宜苦谏，至再至三，不听则涕泣争②之。

【注释】①轸：隐痛。指顾念，悯惜。②争：诤谏；规劝。

【译文】丈夫不是读书人，或居家务农，或出外经商，都是在耗费心血，辛勤劳作，以便养活妻室儿女。做妻子的，必须怜悯丈夫的辛劳，顾念丈夫的饥寒，随时关心体恤、顺从，这才是贤淑的妻子。家里虽然贫穷，也能够抚恤慰劳，才更能体现出女子的德行。若丈夫放荡嫖赌，败废祖宗基业，必须苦劝不断，再三不听，则痛哭哀求，规劝丈夫改正。

媳妇之善相其夫者，第一要丈夫友爱。世之兄弟不友爱者，其源多起于姒娣不和。丈夫各听妇言，遂成参商<sup>①</sup>，此大患也。为媳妇者，善处姒娣，惟在礼文逊让，言语谦谨。有劳代之，有物分之。公姑见责，多方解劝，要紧之务，先事指点。则彼自感德，姒娣辑睦<sup>②</sup>矣。如我为伯姆，彼为叔娣。倘彼偶疾言遽色<sup>③</sup>，不堪相加，我欢然受之，不争胜气，不与回答，彼自愧悔，和好如初。其或公姑偏爱，多分对象与彼，切勿计量，只是相忘。或我富他贫，我贵他贱，皆须曲意下之，周其不足，不可稍有轻侮。若他富贵，我贫贱，亦宜谦卑委婉，不可先存尔我之见。诸侄、侄女，宜爱之如子，乳少者，助其乳，抱至膝上，常加笑容。己之子女，当令其敬伯母叔母，一如亲母。此要务也。

【注释】①参商：指的是参星与商星，二者在星空中此出彼没，彼出此没，古人以此比喻彼此对立，不和睦、亲友隔绝，不能相见、有差别；有距离。②辑睦：和睦。③疾言遽色：言语神色粗暴急躁。形容对人发怒时说话的神情。

【译文】媳妇真正懂得辅佐丈夫的，第一是要丈夫能够友爱兄弟。世间凡兄弟不能相互友爱的，其根本原因多是源于姒娣不和，丈夫各听妻言，遂互不往来，这是大患。作为媳妇，处理好姒娣关系，唯在以礼相待，谦逊忍让，言语谦和谨慎。互相帮助，互相接济。公姑责备要多方劝解，要紧事务提前指点。这样，彼此感戴对方的恩德，妯娌自然和睦。如果我是长嫂，她是弟媳，偶尔被她疾言厉色抢白几句，让人难以忍受，我却欣然受之，不争胜负，不予回答，她事后明白过来，自然惭愧悔改，和好如初。如果公婆偏爱，多分些东西给她，切莫计较，事过即忘，就当是没有这回事。或我富她穷，我贵她贱，都要对她特别尊重，在她有难处时热心帮助，多方照顾接济，不能有一点点轻慢侮辱之心。若她富我贫，她贵我贱，我也应当谦卑委婉，不可以自己先存了芥蒂之心。对待侄男侄女，当爱如己出，见到母乳少的，就抱过来让他喝自己的乳水，多加爱抚，笑脸相待。自己的子女，当教导他们孝敬伯母叔母，要和孝敬自己的亲生母亲一样。这些都是紧要之处啊。


兄弟一气，必无二心。往往因妯娌之间，自私自利，致伤兄弟之和，此妇之大恶也。妇之贤，第一在和妯娌。妯娌不和，大约以公姑恩有厚薄，便生妒忌，便有争执，此不明之甚也。公姑胸中，如天地一般，有何偏见？若厚于大伯大姆，必是伯姆贤孝，得公姑之欢；厚于小叔婶婶，必是叔婶贤孝，得公姑之欢。正当自反，负罪引慝[①]，改过自新，庶公姑有回嗔作喜之时。岂可不知自责，且有怨望？若公姑独厚于己夫妻，则当深自抑损，凡百分物，让多受寡，让美受恶，方是贤妇人也。

长兄如父，长嫂如母，故介妇理解、尊重、信任（诸妇）与冢妇（长妇）有尊卑之分，宜随行，不敢并行。姑舅若有事，使介妇行者，介妇不得辞劳，欲分任于冢妇。礼也。


**【注释】**①负罪引慝：承认罪过。

【译文】兄弟同气连枝，情同手足，必无二心。往往因妯娌之间，自私自利，致伤兄弟之和，这是妇人一大恶行。妇人的贤良，第一在妯娌和。妯娌不和睦，一般都是因为觉得公婆施恩不公平，便生炉忌，继而引起争执，这完全是不明理的表现。公姑心中，如同天地一般宽广，哪有什么偏见？如果说对大伯大姆好一点，必是伯姆贤孝，赢得了公姑的欢心；如果说对小叔婶婶好一点，必是叔婶贤孝，讨得公公婆婆高兴。自己正好应该自我反省，认识自己的错误与不足，改过自新，或许公婆还有转怒为喜的时候，怎么能够不知自责，反而生起怨恨之心呢？若是公婆只对自己夫妻特别好，就应当严格约束自己，不管什么东西，多的让给别人，少的留给自己；好的让给别人，差的留给自己。这才是贤慧的妇人。

长兄如父，长嫂如母，故众妇与长妇有尊卑之分，众妇走路要走在长妇的后面，不应该并肩而行。公婆若有事吩咐众妇去做，众妇不能怕吃苦，心想着要攀上长妇一起来做。这是基本的礼节。

妇有必不可辞之职分，又有不可迟缓之行事。客一到门，则茶钟酒杯，肴馔菜碟，俱宜料理，不可委之群婢，更宜速快，迟则恐客不及等待。盖媳妇之职，原须必躬必亲，辛勤代劳。苟叉手高坐，便是最不贤之妇。

【译文】妇人有不可推辞的职分，又有不可迟缓的事务。客人一进门，赶快准备茶盅酒杯、菜肴碗碟等，这些都要亲自料理，不可一概推给婢女们去办。而且速度要快，太慢则待客不礼貌，也恐怕客人来不及等待。这做媳妇的职责，本来就是要事必躬亲，辛勤持家，倘若叉手高坐，便是最不贤慧的妇人了。

妇人无事，切勿妄用一文。凡物须留赢余，以待不时之需。若随手用尽，则贫穷可拭目而待，安可不一心节俭也？妇之贤者，家虽富厚，常要守分，甘淡薄，喜布素，见世间珍宝锦绣，及一切新奇美好之物，皆败家之种子，方为有识妇人。

**【译文】**妇人无事，切莫随便乱花一分钱，凡是生活必需品如米、油、酒等物，都要留有存余，以待临时急用。假如随手用尽，则贫苦穷困的日子眨眼之间就会到来，怎么可以不一心节俭呢？那些贤良的妇人，家境虽然富足，却都是常常想着安守本分，甘心过平平淡淡的日子，喜欢穿粗布衣服。见到世间珍贵的珠宝、锦绣衣裳，以及一切新奇美好的事物，都看着是败家的种子，这才是有见识的妇人。

妇人衣服，宜安本分。富而奢侈，服饰犯分，大不可也。况众人同处，而我一人衣饰独异，为众所指目，小家之妇，欣欣①自荣，大家之妇，心必不自安也。

**【注释】**①欣欣：高兴的样子。

**【译文】**妇人穿戴衣着，要能够时时想着与自己的身份家境相符合。有了钱就奢侈，衣着佩戴不符合自己的身份，这就太不应该了。何况与众人在一起相处，只有我一个人衣服穿戴和别人不一样，被众人指指点点。那些缺乏家教的小户人家出来的妇人，往往沾沾自喜，觉得这是件光彩的事，若是真有家教的大家闺秀，心里一定会感到不安的。

公姑之婢仆，不但不可辱骂也，并不可厉声严色，盖优礼婢仆，即所以敬公姑也。如婢有过失，公姑未见，当好言戒谕①之，不必令公姑知之。其或大偷盗，及欲逃亡，媳先知其情者，公姑未晓，亦须禀知。然止可云耳闻，不可显言其状，致难收拾。又须云恐非灼见，再须详察。

【注释】①戒谕：告诫训谕。

【译文】对待公婆的婢仆，不但不能辱骂，连态度严厉一些也是不可以的。对公婆的婢仆以礼相待，就是尊敬公婆。如果婢仆有过失而公婆尚不知晓，应当好言劝诫，不必让公婆知道。但是，发现有大的偷盗，以及企图逃走，媳妇先知道这些情况而公婆尚未察觉时，还是应当向公婆禀报的。但只能说是有所耳闻，不能把话说得太明，以免导致局面难以收拾。还要补上一句话：这些情况未必是真，还须要仔细观察才能知道。

本房婢仆，虽宜慈爱，然或触公姑之怒，皆宜重惩，不可护短。但训饬①之时，不可烦于言语，恐反开罪于公姑耳。

【注释】①训饬：教训戒勉。

【译文】媳妇自己的婢仆，虽然应当慈爱，若是触怒公婆，就应该重惩，不可护短。但是在教训之时，言语宜少不宜多，防止反而得罪公婆。

婢仆衣裳，宜令时加浣濯①。髻鬟②袴履③，须令整顿端齐。若听其蓬头垢面，污秽难堪，甚或身有血渍，面有爪痕，令人不忍见闻，则主妇之不慈不贤，行道之人，皆指摘④之矣。

【注释】①浣濯：洗涤。②髻鬟：环形发髻。古时妇女发式。将头发环曲束于顶。③袴履：裤子与鞋。袴：同"裤"。④指摘：亦作"指谪"。挑出错误，加以批评。

【译文】婢仆衣裳，要督促其经常换洗，头发、服装、鞋袜，都要保持整洁。假若任其蓬头垢面，污秽难堪，甚至身上有血迹，脸上有抓痕，令人不忍相看，那么这家女主人的不慈不贤，就连行路之人见了，都要加以指责了。

凡物须预谨守防闲，毋令盗窃。万一有此，乃己不能谨密之过，且只忍耐。不妄加猜疑。及轻听人言，辄至仆婢房中搜索。搜出则丧其廉耻；搜不出则彼反有辞。若公家仆婢，及在外之人，尤不可妄指。每因失物，反招大是非，增添闲气<sup>①</sup>，此不可不深思切戒者也。

【注释】①闲气：因无关紧要的事惹起的气恼。

【译文】一切财物要妥善保管好，防止丢失被盗。万一发生此类事件，都是自己不够谨慎周密的过失，这种情况下只能忍耐，不能没有根据地乱怀疑。如果轻信别人的议论，就到婢仆房中搜查。若是搜出被盗财物，便会让婢仆脸面丢尽，从此就连廉耻之心都没有了，若是搜不出东西，婢仆反而有话要说，弄得自己不好收场。对于公家仆婢以及外人，尤其不可没有根据地乱说话。往往因为丢失物品一点小事，却招来大的是非麻烦，多生闲气，这件事不能不认真思考并加以防范啊。

凡授银物与仆辈，不宜手授，必置几案上，令其自取之。亦须照管，毋令他人窃去也。

【译文】凡送钱物给仆婢，不应该亲手交付，一定要放在桌面上，让对方自己去取, 并交待照管好, 防止丢失。

凡生养子女, 固不可不爱惜, 亦不可过于爱惜。爱惜太过, 则爱之适所以害之。小儿初生, 勿勤抱持。裹而置之, 听其啼哭可也。医云: "小儿顿足啼哭, 所以宣达胎滞。" 乳饮须有节, 日不过三次, 夜惟鸡将鸣, 饮一次。衣用稀布, 宁薄无厚。语云: "若要小儿安, 常带三分饥与寒。" 盖孩提一团和气, 十分饱暖, 反生疾病。珠帽、项圈、手镯, 切不可令着身。无论非从朴之道, 而诲盗招拐之祸犹浅, 图财丧命之害更深。

【译文】生养子女, 不可不爱抚, 也不可过于溺爱。溺爱太过, 这恰恰是害了他。初生小儿, 不要经常抱在怀里, 把孩子包裹好以后, 就放在一边, 任他啼哭就可以了。医书上说: "小儿伸腿啼哭, 能将腹内胎滞之气宣泄出来。" 喂奶要定时, 白天不超过三次, 夜间鸡叫前一次。婴儿衣服宜用粗布缝制, 宁薄勿厚。俗话说: "若要小儿安, 常带三分饥与寒。" 因为婴儿身上一团和气, 如果过温过饱, 反生疾病。凡珠帽、项圈、手镯等贵重饰物, 切不可戴在身上, 且不说这样做违背了俭约朴素的原则, 还有可能招致偷盗拐卖的意外事件, 这还不是最坏的, 若是招来歹人图财害命之事, 后果就更可怕了。

富贵之家, 爱子过甚。子所欲得, 无不曲从之。性既纵成, 一往莫御。小有拂逆, 便肆咆哮。及至长大, 恃强好胜, 破败家财, 犹系小事, 一切刑祸, 从此致矣。为父母者, 亦曾念及此乎?

【译文】富贵之家, 过分溺爱子女, 孩子想要的东西, 无不想尽一切办法去满足。孩子这种有求必得的习性一旦养成, 以后就再也没有办法管教了，稍有不如意，便大肆咆哮。长大以后，恃强好胜，破败家财，还是小事，一切行为不轨触犯刑法等种种祸事都会接踵而至。我们做父母的，这些都细细想过了吗？

子弟幼时，当教之以礼。礼不在精微，止在粗浅。如见尊长，必作揖；长者经过，坐必起立；长者呼召，即急趋之。门内门外，长者问何人，对必以名，不可曰"我"曰"吾"。长者之前，不可喧嚷致争；厅堂之中，不可放肆偃卧。凡事非僮仆所能为者，必须为父母代劳，不可推诿。略举大端，不能遍指，宜触类推广。

【译文】孩子从小就应当教他礼仪。教孩子礼仪不在于让他懂得多少知识学问，而注重在于将日常生活中基本的礼仪时时都能一丝不苟的做出来。如见到尊长必须作揖；长者经过，坐着的必须站起；长者呼唤，听到就要立即赶过去；无论在家中还是在外面，长者问是谁，必须回答自己的姓名，不可以回答"我"、"是我"；在长者面前，不可以喧闹争吵；在厅堂中不得随便仰卧。家中有些事不能让僮仆们去做的，自己就要义不容辞地揽下来，尽量不要让父母去操心劳累。以上只是略举大要，不能一一提到，明白之后还要能举一反三、触类旁通才好。

童子幼年，不可衣之罗绮裘裳，恐启其奢侈之心，长大不能改也。

【译文】孩子幼小，不要让他穿华美的衣裳，以防滋长了孩子的奢侈之心，长大后就再也难以改正了。

# 王朗川《言行汇纂》

（名之铁。湖广湘阴人。）

　　谨按：古今妇女懿行，其卓卓①可纪者，已载于《闺范》矣。兹编所录，皆其轶事，不少概见②。而俭约朴素之风，孝慈忠厚之道，亦妇女所当广其见闻，而是效是则者也。至于待奴婢之道，虐之不可；纵之亦不可；偏听之更不可。故于《御下篇》而外，又续有取于此。庶几于体恤之中，寓约束之意。委曲③以教导于先，严切以防闲于后，皆所以全惠下之仁也。集中所辑嘉言懿行甚多，兹不及全录云。

　　**【注释】**①卓卓：特立；高超出众。②不少概见：没有一点记载。少，稍；概见，概略、大略的记载。③委曲：含蓄、婉转的意思。

　　**【译文】**谨按：古今妇女的善行，其中能够卓然超群，流传于世的，在《闺范》中已经有了记载。本编所收录的，都是史书没有记载的、很少传闻的事迹。而俭约朴素之风、孝慈忠厚之道，这些也都是做女子的应当多多了解，并随时作为自己学习效法的榜样的。至于对待奴婢之道，不可虐待，也不可放纵，更不可偏听偏信。所以继《御下篇》之后，又补充此编。或许当于体恤之中，再多存一分约束、教导之心。耐心细致的教导在先，严格周密的防范在后。这些都是为了成全自己那份真诚保护、关怀下人的仁爱之心啊。原书收录的嘉言懿行很多，这里限于篇幅，就不能全部转录了。

妇禁十三：一曰干预外政；二曰入寺烧香，许愿祈男；三曰无故聚饮，即有事饮酒，不得沉醉；四曰会诸姻党，同席熟谈；五曰痛挞奴婢，及恶声詈骂；六曰优厚三婆[1]；七曰侈蓄珠翠；八曰看龙舟、观灯、观会，诸外场杂沓事；九曰与妯娌斗胜；十曰分理[2]是非；十一曰不亲中馈[3]；十二曰厌夫交友宾客；十三曰贪嗜肥甘。

【注释】①三婆：指奶婆、医婆、稳婆。②分理：分说；分辨。③中馈：指家中供膳诸事。

【译文】妇人有十三件事必须禁止：一是干预男人的外政；二是入寺烧香，许愿求生男儿；三是无故聚会饮酒，即使有事饮酒，也不能喝醉；四是与姻亲聚会，聊起来没完没了；五是痛打奴婢及恶声咒骂；六是厚待三婆，与她们保持亲密的关系；七是奢侈蓄积珠宝饰品；八是观看龙舟、灯会、杂耍等外场杂事；九是与妯娌赌气争胜；十是强要分辨是非；十一是不亲自下厨，及料理各种膳食事务；十二是讨厌丈夫交友宴客；十三是贪食美味。

朱子家范：一曰妻妾无妒则家和；二曰嫡庶无偏则家兴；三曰奴仆无纵则家尊；四曰嫁娶无奢则家足；五曰农桑无休则家温；六曰宾祭[1]无坠则家良。

【注释】①宾祭：指祭祀。古代设尸而祭叫宾祭。

【译文】朱子家范：一是妻妾不互相妒忌则家和；二是对嫡妻庶妻、嫡子庶子都能依礼定分，不存偏心，则家庭兴旺发达；三是不放纵奴仆，则家有尊严；四是嫁娶不奢侈，则家庭富足；五是适时耕种田地不荒芜，则家庭温饱；六是对祖宗的祭祀延续不断，就会保持好的家风。

陆象山先生尝谓人家要有三声：读书声，孩儿声，纺织声。盖闻读书声，觉圣贤在他口中，在我耳中，不觉神融；闻孩儿声，或笑或泣，俱自然籁动天鸣，觉后来哀乐情致，较此殊远；闻纺织声，则勤俭生涯，一室儿女，觉有豳风七月①景象。最可厌者，妇女唪骂声也，恶也；饮酒喧呶声也，狂也；街巷谈笑声也，谲②也；妖冶歌唱声也，淫也。与其闻此，不若聆犬声于夜静，闻鸡声于晨鸣，令人有清旷③之思。

【注释】①豳风七月：《诗经》中的篇章名。②谲：诡诈，狡诈。③清旷：清朗开阔。

【译文】陆象山先生曾说，作为一户人家，要能经常听到三种声音。即读书声、孩儿声、纺织声。有读书声，使人觉得圣贤在他口中，也在我耳中，不知不觉像融入每个人的心中。听到孩儿声，或笑或哭，是天籁之音，出于自然，想想一个人稍稍长大之后所发出的喜怒哀乐之声，与他此刻的声音相比，就差得太远了。听到纺织声，便感受到一种勤俭持家的气象，一家老小，感觉就像处在诗经《豳风·七月》中所描绘的远古时代的田园生活一般。最令人讨厌的声音是：妇女唾骂之声，声音中充满了恶念；饮酒喧闹之声，声音中充满了狂躁；街头巷尾谈笑之声，声音中潜藏着诡诈；妖冶男女歌唱之声，声音中弥漫着情欲；与其听到这四种恶声，还不如夜静听到狗叫，清晨听到鸡鸣，尚能令人心旷神怡。

袁了凡先生初艰嗣，后乃生若思。母作冬袄，将鬻①絮。先生曰：

"丝绵轻暖,箧中自有,何必鬻<sup>①</sup>?"母曰:"丝贵絮贱。吾欲以丝易絮,多制絮衣,赠亲戚中寒无衣者。"先生曰:"有是哉,此子寿矣。"

**【注释】**①鬻:买。

**【译文】**袁了凡先生早年无子,后来生了儿子若思。母亲为孩子做棉衣,准备购买棉花。了凡先生说:"丝棉又轻又暖,箱子里有,何必买棉花?"孩子母亲回答说:"丝棉贵,棉花便宜,我想用丝换棉花,可以多做些棉衣,送给亲戚中缺少冬衣的人。"先生说:"你能够这样为孩子从小积福,这孩子将来一定会长寿的。"

衡公岳知庆阳,僚友诸妇会饮。在席者金绮烂然,公内子荆布而已。既归不乐。公曰:"汝坐何处?"曰:"首席。"公曰:"既坐首席,又要服饰华好,富贵可兼得耶?"至今传为美谈。

**【译文】**衡公岳在庆阳当县长时,同僚中妇人聚会。在座者服饰绮丽,而衡夫人却穿的粗布衣服,回家很不高兴。公问:"你坐哪个席位?"回答说:"首席。"公劝说:"既已坐首席,又要服饰华丽,富与贵哪能兼得呢?"此事至今传为佳话。

橙墩好客。有妾苏氏,善持家。一日宴客,失金杯,诸仆啧啧四觅。苏氏诳之曰:"金杯已收在内,不须寻矣。"及客散,对橙墩云:"杯实失去,寻亦不得。公平日好客,岂可以一杯故,令名流不欢乎?"橙善其言。

**【译文】**橙墩这个人平常很好客,他的小妾苏氏也善于持家。有一次招待客人,丢失了金杯,仆人议论纷纷四处寻找。苏氏故作镇静说:"金杯已经收在里屋,不必寻找。"客散以后,她告诉橙墩说:"金杯确实丢失了,找也找不到。您平日好客,怎能因一只金杯,而使今日到来的贵客名流不欢而散呢?"橙墩认为苏氏说得非常有理。

大司徒马森,其封君①讳某,年四十,始得一子。一日婢抱出门,从高阶失手下坠,破其左额,旋②死。封君见之,即令婢遁去,而自抱死子,曰:"失手,致之伤也。"妇哀痛,寻婢挞之,无有矣。婢归匿母家,言其故。婢父母日夜吁天,愿公早生贵嗣。次年果生子。左额宛然赤痕,即司徒也。

【注释】①封君:古代因子孙显贵而受封典者。这里指的是马森的嫡母。②旋:不久。

【译文】大司徒马森,他的嫡母四十岁才得了一个儿子。一天,婢女抱出门,不小心从高处的台阶上失手掉下,跌破了左额,不一会儿就断气了。他的嫡母恰好见到,当即叫婢女赶快离开,而自己抱着已死的儿子说:"我不小心失手,让孩子跌着了。"孩子的生母知道后十分哀痛,要责打婢女,这时婢女已经找不到了。婢女躲回娘家,说明情况后,婢女的父母日夜祈祷上苍,祈愿女儿的主人早生贵子。第二年,这一家果然又生了一个儿子,左额竟有一道清晰的红色痕迹,这就是今天的司徒了。

晋陵钱氏,顾成之媳也。钱氏往母家,夫家疫盛,转相传染,亲戚不敢过。夫家八人,俱将毙。钱闻欲归家,父母阻之,钱曰:"人为侍养公姑而娶媳。今公姑既病笃①,忍心不归,与禽兽何异?吾往即死,不敢望吾亲惜也。"只身就道。其家忽听鬼相语曰:"诸神皆卫孝妇归矣,速避速避。"八人皆活。

【注释】①病笃：病情很严重。

【译文】晋陵钱氏，是顾成的媳妇。钱氏回娘家后，夫家所在之地流行瘟疫，互相传染，亲戚都不敢探视。夫家八人，全部发病，面临死绝。钱氏得知后准备回家，遭到父母阻拦。钱氏说："人家为了侍奉公婆才娶媳妇。如今公婆病危，做媳妇的却忍心不回家，与禽兽有什么区别！即使我回去后就染病而死，也不愿意父母因为疼爱女儿而置女儿于不仁不孝的境地！"说完便独自回家。夫家人忽然听到有鬼对话："所有神明都护卫孝妇回来了，快躲快躲！"于是夫家八个人全都活了下来。

欧公池嫡母所生。两兄皆庶出。父以公属嫡，欲厚之。公妻冯氏，请于舅曰："嫡庶为父母服，有差等否？"舅曰："无。"冯氏曰："均子也，服无差等，岂可异乎？"舅大悦，从之。

妇人未尝读书明理，性情多有僻处。不孝敬舅姑丈夫，却诵经礼佛；不周济骨肉姻亲，却布施僧道；不享现世和平之福，却望来生渺茫富贵。此诚女流中之下愚者。噫，岂有骄悍妒恶，而长享富贵，德性贤良，而堕落轮回者哉？

【译文】欧公池是嫡母所生，两兄弟均为庶母之子。父亲因为公池是嫡子，有心对他们这一房在各方面都优待一些。公池的妻子冯氏，便对公公说："嫡子和庶子为父母守孝，有等级差别吗？"公公回答说："没有。"冯氏就说："都是儿子，守孝没有等级差别，其他方面为什么要不一样呢？"公公听了十分高兴，就依了她的意见。妇人因为从小没有读书明理，性情往往有乖僻之处。不孝敬公姑丈夫，却喜欢诵经礼佛；不接济骨肉姻亲，却热衷于布施僧道；不享今生和平之福，却希望来世渺茫富贵。这真是女流中的下愚之人啊。哎！哪里有骄

教女遗规

傲、蛮横、妒忌、恶毒之人却能长享富贵,而德性贤良之人却堕落轮回的呢?

登人之堂,即知室中之事。语云:"入观庭户知勤俭,一出茶汤便见妻。老父奔驰无孝子。要知贤母看儿衣。"子之孝,不如率妇以为孝。妇能养亲者也,朝夕不离。洁奉甘旨,而亲心悦。故舅姑得一孝妇,胜得一孝子。妇之孝,不如导孙以为孝。孙能娱亲者也,依依膝下,顺承①靡违,而亲心悦。故祖父添一孝孙,又添一孝子。

王朗川《言行汇纂》

**【注释】**①顺承:顺从承受。

**【译文】**进入人家厅堂,这户人家的大致情形就可以知道了。老话说:"走进大门一看就知道这户人家是不是勤俭,茶汤一端上桌面就知道这家女主人是否贤能,老父亲忙里忙外就知道这户人家没有孝子,要知道做母亲的是否贤慧,看看她儿子身上穿的衣服就知道了。"儿子孝,不如率领妻子一起孝。因为媳妇奉养双亲,可以早晚不离身旁,把家里家外收拾得干干净净,把饭菜做得香甜可口,父母才会心情舒畅。所以公婆得到一个孝妇,胜过得一个孝子。媳妇孝,不如教导孙子也能孝,孙子能让老人开心,在祖父母膝前依偎环绕,顺从老人心意,接受老人教导,没有违逆之意,老人自然开心欢喜。所以说祖父添了一个孝孙,等于又添了一个孝子。

人之居家,凡事皆宜先自筹度,立一区处之方,然后嘱付婢仆为之,更宜三番四覆以开导之。如此周详,犹恐不能如吾意也。今人一切不为之区处,事无大小,但听奴仆自为。不合己意,则怒骂鞭挞继之。彼愚人,止能出力以奉吾令而已,岂能善谋,一一暗合吾意乎?不明如此,家安能治?

**【译文】**居家过日子，凡事都应自己提前筹划，并设立好家规，然后嘱咐婢仆照做，还要经常督促开导。尽管如此详尽，恐怕还是不能如自己的意啊。现在人无论什么事，事先都不懂得制定规矩，大小事务，都任奴仆自作主张。一旦不合自己的心意，就怒骂鞭打不休。那些下人，本来就是愚人，只能出出力气按我的指令做事罢了，怎么能够什么事都想得周周到到，一一都暗合我的心意呢？这点道理都不明白，家还能治得好吗？

仆婢天资愚鲁，其性善忘，又多执性①，所行甚非，而自以为是，更有秉性躁戾者，不知名分，轻于应对。治家者，须明此理，于使令之际，有不如意，少者悯其智短，老者惜其力衰，徐徐教诲，不必嗔怒也。有诗云："此辈冥顽坠下尘，只应怜念莫生嗔。若能事事如君意，他自将身作主人。"

**【注释】**①执性：犹固执、任性。

**【译文】**仆婢生性愚蠢鲁莽，记忆力差，往往性格偏执，明显做错了事，却还要自以为是。还有那脾气暴躁的，不懂得长幼尊卑之分，常有失礼之举。作为一家之主，必须明白这个道理：在使用仆婢时，有看着不如意的，对年纪小的，要可怜他还不懂事，对上了年纪的要同情他年老力衰，慢慢教导，没有必要跟他们动怒啊。有一首诗翻译过来是这样说的："这些人冥顽不化所以才坠落到下尘，对他们只能够怜悯，切莫要动怒生嗔。倘若他精明强干事事都令你如意称心，又岂甘一辈子做你的奴仆？他早已自己当上了主人！"

小过宜宽，若法应扑责①当即处分。责后呼唤，辞色如常。不可啧啧作不了语，恐愚人危惧，致有他变。

【注释】①扑责: 责打。

【译文】婢仆们犯了点小过失, 应当宽恕, 若是按照家法应该责打的, 当时就处罚。处罚完了就过去了, 要做到言语脸色一切都和往常一样, 不能挂在嘴上没完没了, 防止这些愚人因心中害怕, 又做出什么让人意想不到的事情来。

凡婢仆有争斗者, 主父母闻之, 实时呵禁之。不止, 分曲直以杖之, 曲者多杖, 或一止一不止, 则独杖其不止者。

【译文】凡婢仆之间有争吵斗殴行为, 做主人的要及时制止。不听制止的, 按谁对、谁错都要加以处罚, 有过错的一方多打几杖。如果是听到制止声之后, 一个当即就停止了, 而另一个仍不停止, 就只打那不停止的。

婢仆之言, 变乱是非。其意以言他人短, 可以悦主人主母之心。苟不知其弊, 听信其言, 则弟兄姒娣, 必至不和, 邻里亲戚, 必至不睦。有以肤受诉①者, 宜叱曰:"我不眼见。"驾言②他人毁骂主翁者, 宜叱曰:"我不曾耳闻。"则此辈无所施其欺矣。

【注释】①肤受诉: 肤受之诉。又作肤受之愬, 肤受之言, 指谗言。《论语·颜渊》:"浸润之谮, 肤受之愬, 不行焉, 可谓明也已矣。"邢昺疏:"皮肤受尘, 垢秽其外, 不能入内也。以喻谮毁之语, 但在外薰斐, 构成其过恶, 非其人内实有罪也。"②驾言: 传言; 托言。

【译文】婢仆口中说出的话, 往往混淆是非, 颠倒黑白, 目的是想通过言语他人的不是, 来讨好主人和主母(女主人)。假如做主人的不能明白这种事情的危害, 听信了这些人的话, 那么兄弟姒娣之间, 必定会出现矛盾，邻里亲戚之间，必定会弄得不和。所以，听到有人来说别人的坏话，应当严厉训斥："我没看见！"听说有人在背后毁谤自己，应当严厉训斥说："我从来就没有听到过！"这样一来，这些奴才就不能够欺骗主人了。

人家仆婢，不可一处饮食，须内外各别。屋多地宽，宜婢内仆外各食。屋少，不妨仆先婢后，亦犹夫各食也。所以然者，仆婢同食，语言之间，未免错杂，非宜家之道也。下人有分别，则上人愈有分别矣。

【译文】家中仆婢，不可在一起饮食，要内外有别。房子多的应婢女在内男仆在外分开用餐，房子少的，不妨男仆在先，婢女在后，也等于是分开用餐了。之所以要这么做，是因为男仆、婢女同桌吃饭，言语之间，未免过于随便，坏了男女有别的规矩，这就不是治家之道了。如果连仆婢们都能做到男女有别，那么做主人的就更不用说了。

待小人女子，不可无信，婚姻一节，尤宜慎之。每见人家婢仆，伏侍①勤劳，主人即以某婢许某仆。家长一言出口，婢仆百诺于心。或家事迁延②，迟疑不决，无识小人，见其为期无定，未免埋怨偷安，主人闻之嗔怒，或改悔前言，男女失望，遂萌异念。奸拐逃盗，变幻百出矣。为人上者，务宜酌量于前，断勿改悔于后。

婚姻为一生大事，许定岂容更易？况童婢同在一堂，虽在下人，宁③无羞耻？莫如平时不轻许，待二十岁内外，择男女相称相宜者许配。许定即婚，则百弊不生，闺门亦肃矣。

【注释】①伏侍：侍候，照料。②迁延：延后耽搁，延期。③宁：难

232

道。

【译文】对待家中仆婢，不能言而无信，特别是婚姻方面更应谨慎。常常看到一些人家的婢仆，服侍主人殷勤周到，主人即以某婢许配某仆。家长一言出口，婢仆双方从此便铭刻在心。后来也许因为种种原因久拖不决，这些无知的小人，见到婚事遥遥无期，未免心生埋怨，做起事来便不再像以前那样尽心尽力。主人知道后一气之下改悔前言，这对男女失望之余，便萌生邪念，或奸或拐，或逃或盗，平白生出种种事端来。所以作为家长，此类事应当在一开始就谨慎斟酌，千万不可事后改悔变卦。婚姻是一生大事，许定后岂能再变改？况且童仆童婢同处一堂，虽是下人，难道他们就不懂得羞耻吗？还不如平时不要轻易许下这样的诺言，等他们都到了二十岁左右，再选择男女双方都合适的予以许配，许定后马上帮他们完婚，这样就什么事都不会发生了，闺门才显得整肃庄严啊。

# 女训约言

## （出言行汇纂。未详姓名。）

谨按：妇德所尚，与其所以当戒，已散见于集中矣。兹编载女德二十四条，女戒八十条，则又举妇女所切要，及易犯者，而荟萃其义，撮总[①]其词。虽不识字义之妇女，有能举此诸条，代为讲说，亦可了然于心口之间，而知所法戒矣。此予所以编女教而终之以此也。

【注释】①撮总：聚起，汇集。

【译文】谨按：妇德所崇尚及所当戒的内容，已分别在集中简述。本编载女德二十四条，女戒八十条，再次列举了对妇女最关紧要并容易忽略的一些地方，并将其中的义理加以概括、总结，整理为易记易诵的口诀。即使是不识字的妇女，如果有人能够将这些内容念给她听，也可以让她了然于胸，从而知道哪些应当努力效法，哪些应该引以为戒！这就是我之所以把它编在"女教"的最后作为全书结尾的原因。

## 女德

性格柔顺，举止安详。立身端正，梳妆典雅。

低声言语，谨言寡笑。整洁祭祀，孝顺公姑。

敬事夫主，和睦妯娌。礼貌亲戚，宽容妾婢。

教导子女，体恤下人。洁治宾筵，谨饬门户。

早起晚眠，少使俭用。学制衣服，学做饮食。

打扫宅舍，收拾家伙。蚕桑纺织，孳生畜牲。

有此女德，虽贫贱之家，人看得自然贵重。虽没好衣服首饰，有好声名，自然华美。又携的本家父母，与阖①族亲眷，都有光彩。似这等，也不枉生女一场。

【注释】①阖：全，总共。

【译文】有了这些女子的美德，虽家境贫寒，自然受人尊重。虽没有好衣服首饰，而有好名声，自然能够光彩照人。也为本家父母及本族亲眷脸上争光。如此为人，也不枉做了一回女人。

## 女戒

莫举止轻狂，莫娇乔打扮。莫高声大笑，莫耳软舌长。

莫搬弄是非，莫离间骨肉。莫烦言絮聒，莫巧言狐媚。

莫耳边蹇晰，莫背后唧哝。莫凭空说谎，莫喜佞悦谗。

莫逼墙窃听，莫偷眼斜视。莫眼空意大，莫口甜心苦。

莫嫉人胜己，莫夸己笑人。莫仿效男妆，莫仿行男礼。

莫卖弄颜色，莫炫耀服饰。莫毒手打人，莫恶口骂人。

莫无病称病，莫无忧而忧。莫蓬头垢面，莫赤胸袒膊。

莫显见亵服，莫露出枕席。莫男女同席，莫男女授受。

莫买命算卦，莫听唱说书。莫随会讲经，莫修寺建塔。

莫打醮挂幡，莫庙宇烧香。莫招神下鬼，莫魇镇害人。
莫看春看灯，莫学弹学唱。莫狎近尼姑，莫招延妓女。
莫结拜义亲，莫来往三婆。莫轻见外人，莫轻赴酒席。
莫内言传外，莫外言传内。莫倚门看街，莫酒醉失仪。
莫忤逆不孝，莫搅家不贤。莫唆挑夫主，莫欺瞒夫主。
莫侮慢夫主，莫钤束夫主。莫溺爱儿女，莫偏向儿女。
莫口谈夫过，莫埋怨家贫。莫妯娌不和，莫伯叔争胜。
莫嫉妒婢妾，莫凌虐仆从。莫怠慢穷亲，莫结怨邻家。
莫心贪口馋，莫滥费折福。莫随有随尽，莫随做随毁。
莫轻剪罗缎，莫多宰鸡鹅。莫懒惰邋遢，莫抛撒物件。
莫干预外事，莫私放钱债。莫盗转财物，莫阴厚母家。

以上皆亏损女德之事，虽其中小小出入者，皆世俗常态，然不可不谨也，其余则荡礼逾闲①矣。失妇德而荡礼逾闲，纵生长富贵家，衣服首饰，从头到尾，都是金珠，都是绫锦，也不免被人嗤笑，玷辱②父母。噫！父母生养我一场，我不能与他争些志气，增些光彩，反因我玷辱，被人嗤笑，我心何安？仔细思想。

【注释】①荡礼逾闲：荡，毁坏；礼，礼法；逾，超越；闲，节制。形容行为放荡，不守礼法。②玷辱：使蒙受耻辱。

【译文】以上八十戒都是有损女德的事情，虽然其中有一些看上去都是小事，在现实中很多人都已经习以为常，但这些都是不能不谨慎的。其余的则是明显违背礼教，不守规矩。一个女人没有了妇德，不守礼仪，纵然生长在富贵家庭，衣服首饰从头到脚都是金珠锦缎，也不免被人耻笑，玷辱父母的名声。唉！父母生养我一场，我不能为父母争口气，添些光彩，反而让他们因我而受到玷辱，被人耻笑，我心何安？仔细想想吧。